秋叶®

说服力

工作型PPT该这样做

秦阳 著

U0234268

人民邮电出版社

北京

图书在版编目（CIP）数据

工作型PPT该这样做 / 秦阳著. -- 3版. -- 北京：
人民邮电出版社，2020.5
ISBN 978-7-115-52596-3

Ⅰ. ①工… Ⅱ. ①秦… Ⅲ. ①图形软件 Ⅳ.
①TP391.412

中国版本图书馆CIP数据核字(2019)第253796号

内 容 提 要

工作型PPT，唯"快"不破！作为日常工作中的PPT，不能为了追求完美设计而无限度地投入时间和精力，聪明的人懂得利用有效的时间去创造更高的业务价值，再通过PPT来展现自己的成果。本书围绕着"高效"讲授一键转换、一键排版、批量制作等相关的PPT制作技巧。

工作型 PPT 的第一目的是沟通！工作汇报、年终总结、产品介绍、校园宣讲……这些工作场景虽然特别多，但本质上都是同一个事情，那就是沟通——能够将信息有效地传达给受众。本书介绍了很多演示思路上的经验技巧，还有很多速查速用的逻辑模板。

工作型 PPT 要严谨、专业。一份工作型 PPT，代表着一家企业的形象，绝不能出现低级错误。本书附赠《工作型 PPT 品控手册》，100 多项细节品控，确保 PPT 零失误！

希望本书能够帮助职场人在短时间内制作出提升职场竞争力的 PPT，让 PPT 成为有效沟通的利器。

◆ 著　　　　　秦　阳
　　责任编辑　李永涛
　　责任印制　王　郁　马振武

◆ 人民邮电出版社出版发行　　北京市丰台区成寿寺路 11 号
　　邮编　100164　电子邮件　315@ptpress.com.cn
　　网址　https://www.ptpress.com.cn
　　涿州市般润文化传播有限公司印刷

◆ 开本：700×1000　1/16
　　印张：15　　　　　　　　　2020 年 5 月第 3 版
　　字数：266 千字　　　　　　2025 年 1 月河北第 19 次印刷

定价：69.80 元（附小册子）

读者服务热线：**(010)81055410**　印装质量热线：**(010)81055316**
反盗版热线：**(010)81055315**
广告经营许可证：京东市监广登字 20170147 号

WORK TYPE PPT

前言 ≫ 工作型 PPT，唯"快"不破！

身为一名演示行业多年的从业者，见证着演示行业一路的进化。

近年来，各种发布会越来越多，作为发布会视觉担当的幻灯片，也让大众看到了越来越多高水准的设计。

这在无形中提高大众审美水准的同时，也拉高了各行业发布会幻灯片的标准，越来越多的企业开始与专业的 PPT 定制团队合作——

秋叶团队为某市民营企业招商推介会制作的定制 PPT

AbleSlide 团队为某地产公司制作的定制 PPT

关注微信公众号【老秦】（ID：laoqinppt）
回复关键词"定制"
查看更多 PPT 定制作品和案例赏析！

顶级的设计给了大众很高的向往。　日常工作也要做出这样的 PPT 吗？

很多人觉得：做 PPT 都应该向这样的水准看齐！

那么，在真实的工作场景中，又是怎样的情况呢？

前言 》 工作型 PPT，唯"快"不破！

我们日常的 PPT 制作情况，是这样的。

还没完，最致命的是这个连环绝杀……

讲到这里，发现没有，与发布会 PPT 不同，工作型 PPT 的特点就是：

文字多！图片差！领导逼！要得急！

而且，汇报人经常还不是自己……

前言 >> 工作型 PPT，唯"快"不破！

就这样，PPT 五花八门的制作要求，折磨着越来越多的职场人。

但这个问题的关键，并不是要让每一个职场人都去成为专业的设计师，况且 PPT 的美化本身就是没有止境的。对于工作型 PPT，不能为了追求完美设计无限度投入时间和精力，毕竟我们的核心目标是解决业务问题，而不是做设计题。

所以，工作型 PPT 的要义：**唯"快"不破！**

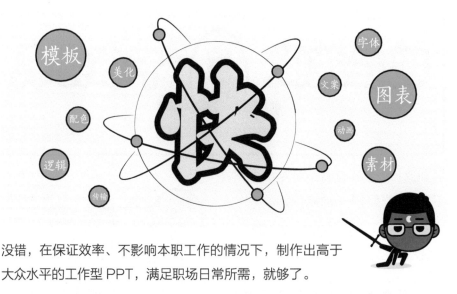

没错，在保证效率、不影响本职工作的情况下，制作出高于大众水平的工作型 PPT，满足职场日常所需，就够了。

——怎么做？好了，我们的学习开始了。

1 模板之快 WORK TYPE PPT TEMPLATE

2 美化之快 WORK TYPE PPT BEAUTIFY

3 文字之快 WORK TYPE PPT TYPEFACE

4 素材之快 WORK TYPE PPT
MATERIAL

5 配色之快 WORK TYPE PPT
MATCHING

6 动画之快 WORK TYPE PPT
ANIMATION

7 图表之快 WORK TYPE PPT
CHART

源于PPT 不止PPT
FROM PPT, MORE THAN PPT

WORK TYPE PPT

模板之快

1

ONE

说到"快速制作 PPT",大多数人的第一反应肯定是下面这样。

而真正套过模板的人,才能看懂这样的"模板之痛"。

我就是套模板做 PPT 的啊,但为什么我每次还是得花 3 个小时呢?

去哪里找那么多好用的模板呢?

公司的模板太丑,实在忍受不了,怎么办?

本章就围绕 3 大问题,把关于 PPT 模板的事儿一网打尽。

微软在研发 Office 这个产品的时候,其实是设计了一套"快速制作"的产品使用流程,在这个流程下,如果你足够熟练,从一份 Word 文字稿到一份 80 分的 PPT 演示稿,很有可能 5 分钟就可以全部完成。所以你会发现,90% 的人根本就从来没有正确用过模板!——嗯,你根本就不了解 PPT!

不信?本章就为你揭晓。

1. 哪里去找海量的 PPT 模板

许多人得知要做 PPT 时，便条件反射，马上四处求 PPT 模板。

可见，会找 PPT 模板也是一种技能！那哪里可以下载到优质的 PPT 模板呢？

网站名称	备注
OfficePLUS	微软Office官方出品，免费提供各类精品的PPT模板、Word简历和Excel图表。作为微软自家网站，自然有特殊福利。假如你用的是Office 365版本，在新建PPT的时候，直接搜索关键词，比如"报告"，可以直接搜索到 OfficePLUS 上的模板
PPTSTORE	汇聚了国内众多PPT设计师高手的模板，免费的PPT模板不多
比格PPT	一个关于PPT分享的个人网站，免费分享其个人制作的PPT模板，质量都非常高，还有一些PPT教程、PPT素材等
演界网	在线PPT模板交易平台，网站上的设计师们也会分享免费的PPT模板、PPT教程等，质量还不错
51PPT模板	网站的站长向每个PPT作品的原作者去申请过授权，并整理发布分享PPT模板、PPT教程、PPT素材，大多都是免费的
稻壳儿	WPS旗下的PPT模板在线交易平台，有许多免费的高质量PPT模板
优品PPT	分享大量免费的PPT模板，包括图表、图片、教程等各类PPT资源
PPTfans	汇集了大量优质的PPT模板资源和教程
PPTmall	一套高效的可视化PPT素材库系统，有大量的PPT逻辑图表，只要修改一下就能直接使用，能大大提升做PPT的效率
graphicriver	国外知名的PPT模板网站，该网站在国内可以直接访问
Hi Slide	每周会更新模板，并且大多都可免费下载
Envato Market	有很多世界级一流的 PPT 模板作品

除了以上这些网站，如果想更省事，秦老师也给你准备了一份大礼包。

150份PPT模板大合辑

关注微信公众号【老秦】（ID：laoqinppt）
并回复关键词"模板"
即可获取 150 份精品 PPT 模板合辑

《《《《《《《《《《《《《

福利！

除了模板网站，大部分 PPT 插件也内置了很多 PPT 模板，如 iSlide、PPT 美化大师、piti 插件、口袋动画等。

使用插件的优点是直接在 PPT 内部即可完成模板的下载和使用。

以 iSlide 为例，安装插件之后，在连网的情况下选择【iSlide】选项卡下的"主题库"，会出现大量的 PPT 模板，鼠标放在相应的封面上可以预览模板效果，还可以自由选择"16:9"或"4:3"的模板比例，单击即可置入，非常方便！

利器！

PPT 模板是应急的利器，这个没错，不过……

你真的会"套模板"吗？

难道"套模板"还有什么门道？

2. 什么？ Word 可以一键转 PPT

如果你是职场人，那么你对以下这些场景肯定不陌生——

"这个是王总明天在大会上的发言稿，你根据讲稿做一份PPT！"

"下午要给客户提案，这个是策划书，你快点搞成PPT！"

……

遇到这种"快速做 PPT"的情况，接下来就是 99% 的人做的动作——

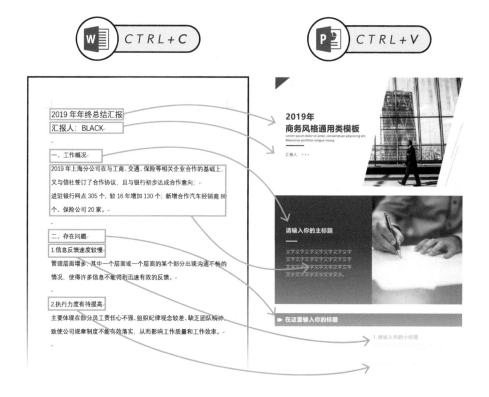

没错，就是一行一行文字复制、粘贴、复制、粘贴、复制、粘贴……

俗称"Word 搬家 +PPT 填空"——怎么了，这不已经是最快的办法了吗？

当! 然! 不! 是!

因为 Word 文件是可以直接一键转换成 PPT 文件的!

什么? 竟然还有这种操作?

通过【文件】→【选项】→【快速访问工具栏】，选择【不在功能区中的命令】，
找到【发送到 Microsoft PowerPoint 】，单击【添加】后再【确定】。

然后在 Word 选项卡的顶端就可以看到【发送到 Microsoft PowerPoint】。不
要被这些步骤吓着了，这只是为了调出功能按钮，只需操作一次，以后它就永
久"住"在这里啦。

然后勇敢地单击这个按钮，接下来，
就是见证奇迹的时刻!

突然自动弹出一个 PPT！

没错，刚才的 Word 文件一秒钟自动生成一个 PPT 文件！

本案例只有 5 页，或许你还感受不明显，想象一下，如果是 50 页呢？

Word 转 PPT 的操作没有学会？
扫码即可观看作者录制的配套教学视频，
边看视频边动手练习效果更佳。

特别提醒：**Mac 版 Office 和金山 WPS 没有此功能。**

另外，如果你使用时出现"很抱歉……"这种情况，可能是安装 Office 时出现了错误，或者安装包里缺少这个程序，这种情况最常见于盗版安装包……

珍爱效率，远离盗版，提倡支持正版 Office！推荐使用 Office 365！

快确实是快，但我也不能将这样一个"白板"PPT 交给老板啊？

3. 你竟然不知道，Office 自带模板

没错，你平时经常"路过"的这个"主题"，就是被你忽视的"模板库"。

"主题"其实是微软对"模板"的官方叫法。

只要单击任意一个"主题"，即可为你的 PPT 一键换装！

比如单击其中这个简约色块风的主题。

没错，一份 PPT 就这样瞬间做完了！

应用PPT主题的操作没有理解？
扫码即可观看作者录制的配套教学视频，
边看视频边动手练习效果更佳。

特别注意，单击图中所示右侧的下拉菜单，可以看到更多丰富的主题模板，然后根据所需的风格进行选择，微软的主题其实大多都比较简约，适配性还不错。

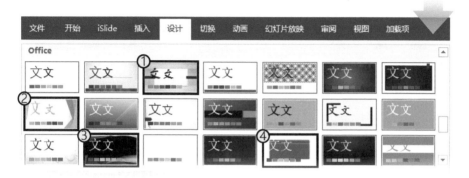

比如随便选择的这4个主题做出的PPT，对于普通职场人日常工作完全够用了。

方便确实方便，但我们公司规定必须使用公司的模板怎么办？

4. 90% 的人根本不会正确套模板

公司有一套官方 PPT 模板,规定每一个人必须用这个模板做 PPT,这可怎么办?

难道又得复制、粘贴?

当然不用!仔细看看,微软早就给你留好了"入口"。

单击"浏览主题",即可选择一个主题模板。

然后单击【应用】按钮，即可将该模板一键导入。

觉得单调？右键单击某一页 PPT 的缩略图，再选中【版式】，你会发现一座宝藏！

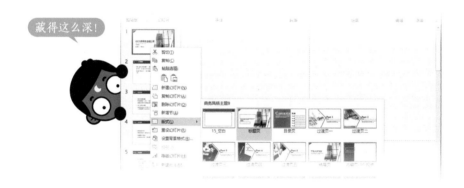

是不是用了多少年模板，今天才学会 PPT 模板的正确打开方式！于是很多人兴冲冲地拿自己公司的模板试了一下，却发现导入之后没有反应，这是为什么呢？

想要分辨一份PPT模板是否可以通过"浏览主题"导入的方式来套用，检测方法很简单，在模板文件中单击【视图】–【幻灯片母版】，只要所有的版式设计都在母版中，就可以放心套用了。

母版中有两个主要组成部分，一个叫主题页，另一个叫版式页。

主题页

主题页中所做的设计会应用到全部版式页上。
所以一般在主题页上主要以全部重复、批量性质
的设计为主，如Logo、Slogan、页码、水印等。

版式页

版式页中所做的设计只会出现在该版式页上。
所以一般在版式页上主要以部分重复性质的设计
为主，如转场页、内容页的标题栏等。

掌握了"母版"的用法，就使"批量操作"成为可能，比如，如何批量加 Logo？
单击【视图】-【幻灯片母版】，在"主题页"上把 Logo 放到所需的位置。
然后单击【关闭母版视图】，你会发现整个 PPT 都加上 Logo！哪怕是 100 页！

同理，如果要批量删除 PPT 中的 Logo，也只需打开母版页，然后选中 Logo
进行删除，即可全部批量清理掉。

对于"母版"相关的操作没有看明白？
扫码即可观看作者录制的配套教学视频，
边看视频边动手练习效果更佳。

<<<<<<<<<<<<<<<<<<<<<

扫它！

5. 做一套 PPT 模板竟然如此简单

想要做出一套模板，首先你要知道一套模板是由哪些页面组成的。

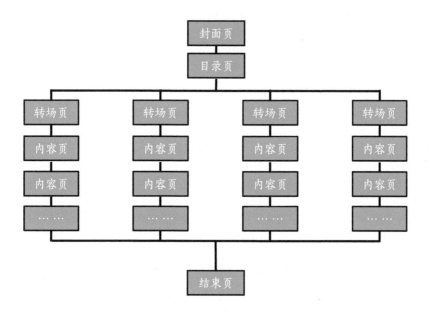

基于模板的连贯性，需要找到一种恰当、贴切、保险的元素，一以贯之地串联在整套幻灯片中，这样的元素一般常见的有两类。

标志建筑

Logo

以标志建筑为例，做出一套模板无压力。

如果你功底还不扎实，脑海中存储的版式很少，做不了这么多不同的模板版式，别担心，其实完全有简化的空间。

仔细看一下你会发现，一个 PPT 模板中，看似有很多页，但其实大多重复使用，比如封面页与结束页使用同一个版式，而目录页可以修改成转场页。

这样算下来，其实只需设计封面页、目录页、内容页 3 个页面，即可完成一套模板设计——简称"3P 模板制作法"。

下面，我们以华中农业大学的校徽为例。

PPT 的主色调与校徽一致，添加适当的线条与色块，可以制作成这 3 页。

只要完成这 3 页的制作，也就意味着整个幻灯片所需要的设计基本全部结束了。

因为后面的动作，只需复制和更换文字即可……

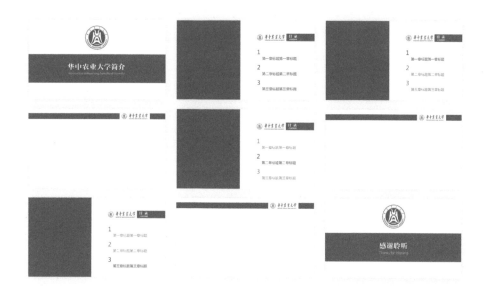

瞧，是不是变成了一套？如果有图片素材，还有更多种搭配！

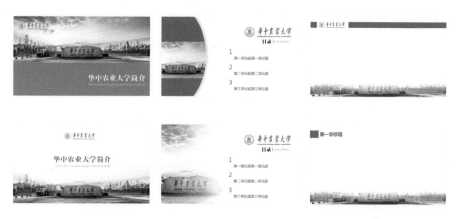

本节"3P模板制作法"看明白了吗？
扫码即可观看作者录制的配套教学视频，
边看视频边动手练习效果更佳。

<<<<<<<<<<<<<<<<<<<<

原理是清楚了，但做不出丰富的版式怎么办？

6. 80% 的 PPT 都出自这 7 类版式

PPT 中的版式虽说千变万化，但是总结下来，常规的无非这 7 类思路而已。
不信？且看秦老师为你一一归纳。

❶ 上下版

❷ 左右版

❸ 三分版

❹ 并列版

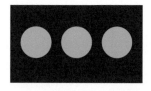

❺ 斜分版　　　　　❻ 圆心版　　　　　❼ 卡片版

当你脑海中常备这些版式，基本可以解决日常 80% 的 PPT 版式设计思路！

关注微信公众号【老秦】（ID：laoqinppt）
并回复关键词"版式"
即可获取本节全部PPT案例源文件

100页PPT版式
源文件

当你胸有成"版"的时候，做一套 PPT 太简单了！

哪怕手头只有一张图片，只要结合以上这 7 类版式，也能用这一张图做出丰富而不单调的 PPT 模板！

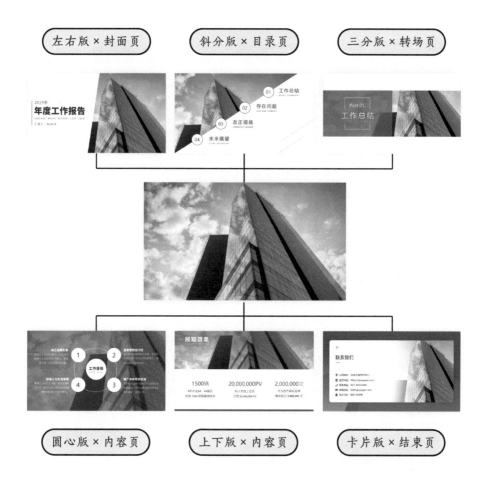

只要一张企业照片，按照这些思路可以做出各种封面页、目录页、转场页……
然后它们再排列组合起来，就可能有成百上千套 PPT 模板！

而且做完之后，是不是发现整个 PPT 的风格很一致？

原因很简单，因为都是在一张图的基础上做出来的，当然会一致！

明白了这个原理，哪怕只有一张素材图也能做出千变万化的 PPT 版式，甚至，有
时候连一张素材图片都没有，只用简单的色块，也能做出一套简约大气的 PPT！

不信？你看！

甚至都不需要使用各种复杂的多边形色块，只用最简单的"圆形"，放在页面的不同位置，也可以从头到尾做出一套完整又统一的PPT！

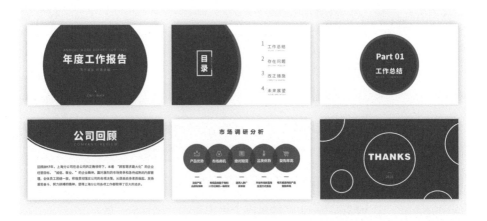

版式设计其实是一门结合了理性分析和感性审美的综合艺术，掌握一点原理，理工科思维的新手也能做出千变万化的版式，这就是快速制作PPT的秘诀！

 这个方法很好，但在紧急情况下，有应急的美化技巧吗？

美化之快

2

TWO

PPT 要做得"又快又好"，"快"就是效率问题；"好"就是设计问题。

上一章我们解决的就是快速做 PPT 的方法，本章我们就要直面排版设计的问题。

而一说到排版，那可就太多了……

这些页面，如何快速排版，让版面更清晰、直观、有美感？更重要的——还得快！

初学者要高效搞定排版，一定要掌握这 4 个排版利器：

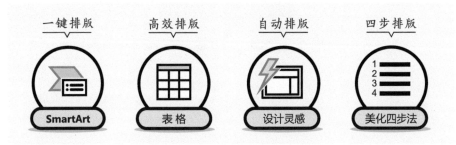

1. 一分钟完成多文字排版

工作型 PPT 经常有很多的文字，这种 PPT 最大的问题是观众无法一眼看到你要讲的重点，于是注意力分散，没有聚焦在你要强调的信息上。

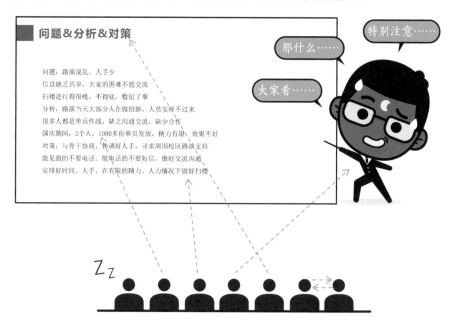

所以最主要的一个修改方式，就是要强调 PPT 上重要的文字。

强调重要文字，除了加粗、加大、换颜色这老三招，还有没有更快更好的技巧？

——当然有！

按住 Ctrl 键的同时选中 3 个二级段落，按【Tab】键，对文本进行分级处理。

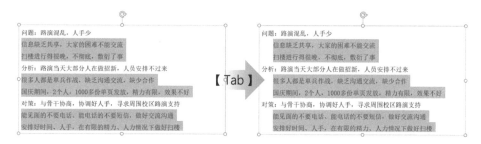

选中分级处理之后的文本框，然后单击【开始】选项卡下的【转换为 SmartArt】，在下拉菜单中选择【垂直项目符号列表】。

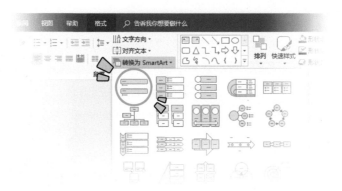

就这样，文本框一键转换成了这样的结果！

调整长度，添加图片，做进一步的调整与美化。

问题&分析&对策

问题：路演混乱，人手少

- 信息缺乏共享，大家的困难不能交流
- 扫楼进行得很晚，不彻底，敷衍了事

分析：路演当天大部分人在做招新，人员安排不过来

- 很多人都是单兵作战，缺乏沟通交流，缺少合作
- 国庆期间，2个人，1000多份单页发放，精力有限，效果不好

对策：与骨干协商，协调好人手，寻求周围校区路演支持

- 能见面的不要电话、能电话的不要短信，做好交流沟通
- 安排好时间、人手，在有限的精力、人力情况下做好扫楼

另外，转化为 SmartArt 时，可以单击【其他 SmartArt 图形】，打开更多选择！

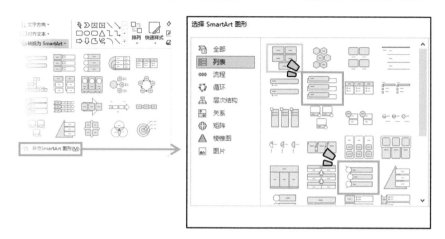

是不是打开了新眼界？自己练习一下，你能做出这两页的效果吗？

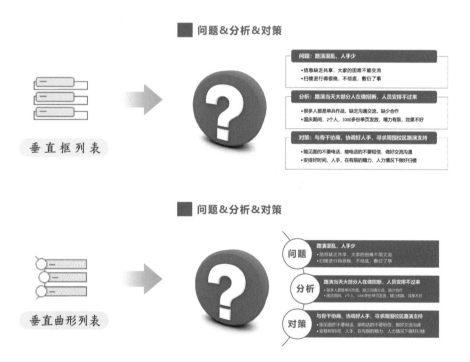

再来推荐几种适合多文字排版的 SmartArt 形式。

梯形列表

▶ 公司简介--武汉幻方科技有限公司　　　　秋叶PPT

企业概况
- 公司成立于2014年1月23日，是一家在线教育内容提供商，已成为国内Office领域领导品牌，网易云课堂金牌讲师团队。

企业成就
- 已开发有秋叶系列版权课程（零基础学office、和秋叶一起学Office等系列）超百万学员选择和秋叶一起学PPT，课程销量遥遥领先！

企业目标

通过提供系统完整的课程体系和专业的课程服务来帮助更多的大学生顺利适应职场，让更多职场人提升职场技能，从而高效率高质量地完成工作。

▢ 销售项目—营销成功原因分析

蛇形图片重点列表

- 开发公司、策划公司都以完成项目销售任务作为统一目标，注重实践，统一思想，强抓执行，把工作落实到责任人，督促加快施工进度。

统一目标

- 宣传方式改坐销为行销，结合精准的客户定位，使用全民营销、感情营销、圈层营销等营销策略，并且更加有针对性的将项目信息宣传到位。

方针策略

- 精准把握目标客户群，量身定制购房策略，开展看房品鉴会、团购活动以及制定分期首付购房政策，从而大地提升客户群购房积极性。

精准定位

线型列表

企业概况
COMPANY PROFILE

新媒体矩阵
NEW MEDIA MATRIX

秋叶团队目前是微博职场、育儿双领域MCN机构，被评为微博职场2018微博职场十大影响力机构，MCN旗下150+成员，微博账号累计粉丝600w+，全网粉丝矩阵1500w+，单月阅读量超过1亿。

覆盖粉丝200w+，其中秋叶PPT是国内Office职场垂直领域头部品牌。连续多次被有道云笔记评为「最具价值微信公众号」TOP10，上榜网易新闻2018态度风云榜年度耕耘作者，与美食、育儿、人文、艺术、美学等多领域合作。

粉丝超过3600W万，是华中区第一家抖音MCN机构，覆盖购物办公粉丝1300w+、700W+的精准母婴用户，账号已全部开通电商功能，并入选官方广告主，承接今日头条好好学习等广告，三个月内，销售10000+本图书，5000+件赛科美食。

这些虽然谈不上是"很高端"的设计，但是对于职场人来说，应急肯定够用了。

对于这个"一键排版"操作没有看明白？扫码即可观看作者录制的配套教学视频，边看视频边动手练习效果更佳。

扫它！

多文字排版我会了，那多图排版呢？

2. 一分钟完成多图排版

PPT 中要做 10 张图片的排版，最快可以多久做完？——答案是，不到 1 分钟！

先将图片全部选中，通过【图片工具 - 格式】→【图片版式】，选择一种版式。

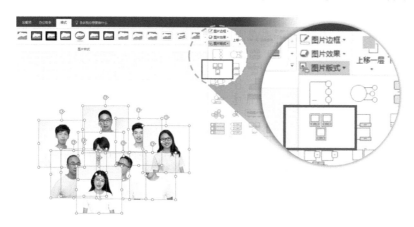

于是一瞬间，这一堆散乱的图片就自动变成了这个样子！

填上文字，加个标题，这样一页 PPT 不就做完了？

瞧，使用其他的版式方式，效果是不是也不错？

所以类似这样的排版页面，很快就可以做完，真不是乱说的……

你做出来了吗？快下载配套素材练起来！
将作业加话题＃工作型PPT＃发微博并＠秦阳，
可以获得作者的亲自点评。

再想想，这下你的团队介绍、行业介绍、部门介绍、产品介绍、学校介绍……
各种琐碎的多图排版，是不是统统都有救了？

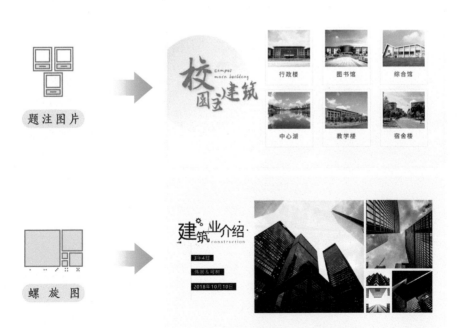

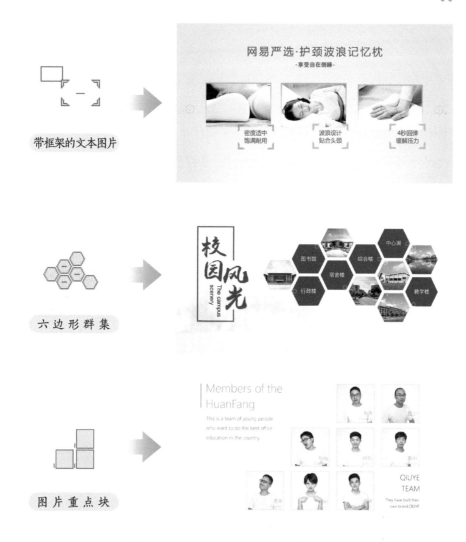

带框架的文本图片

六边形群集

图片重点块

有了这个方法，就可以减少重复操作，大大节省时间，真正实现高效排版！

快速搞定多图排版，你会了吗？
扫码即可观看作者录制的配套教学视频，
边看视频边动手练习效果更佳。

这些排版都以内容页为主，那封面页、目录页怎么办？

3. 一分钟制作封面、目录页

PPT 中制作什么页面最高频？当然是封面和目录！

封面页和目录页作为一份 PPT 的门面和总览，有着非常重要的作用，那制作封面和目录，是否有高效的妙招呢？——答案就是 SmartArt！

SmartArt 中的很多图形稍加改造，就能成为很好的封面页或目录页。

SmartArt 中哪些图形适合做封面页？下面推荐几个。

交替六边形

分段棱锥图

气泡图片列表

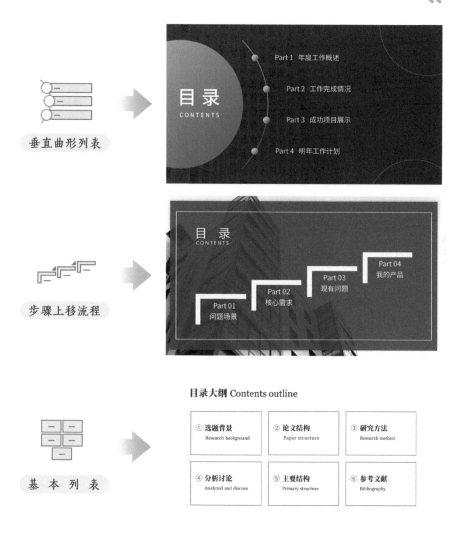

垂直曲形列表

步骤上移流程

基本列表

没想到 SmartArt 还可以快速制作封面、目录，快去动手试一试吧！

用 SmartArt 做封面、目录，你学会了吗？
扫码即可观看作者录制的配套教学视频，
边看视频边动手练习效果更佳。

对于更细致的内容页排版，比如时间轴，能用这个工具吗？

4. 一分钟制作时间轴 PPT

可以看出，只要能够先理清楚文本的逻辑关系，给文本分好级别，就可以用 SmartArt 一键排版。比如，时间轴是 PPT 常见的制作页面之一，经常用来展示公司发展历程、项目进度安排、个人成长轨迹等，属于 PPT 中相当高频的 PPT 页面类型。那如何才能快速做好时间轴 PPT 呢？

老规矩，先给文本分级别。

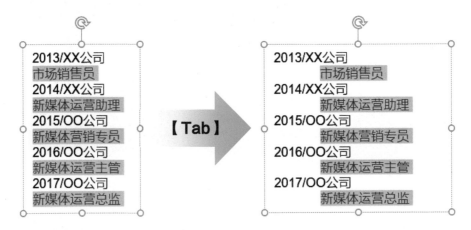

然后思考一下：时间轴对应【SmartArt 图形】中的哪种逻辑关系？

时间轴其实是按照时间的顺序排列的，所以最直接的就是"流程"。

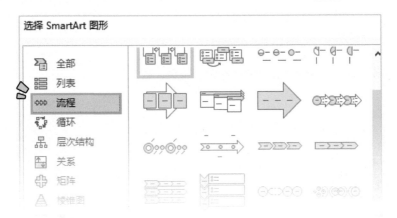

选取对应的图形，就可以一键转换得到各种各样的排版形式。

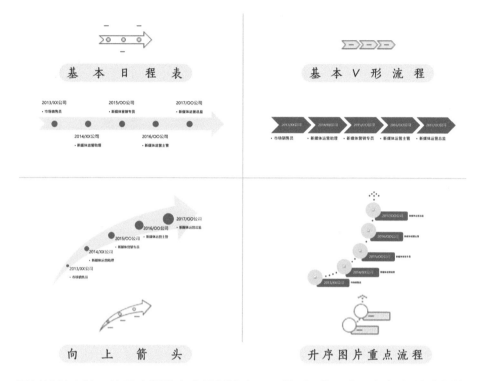

通过这种方法，将最麻烦的文字排版搞定了，然后更换配色、添加图片或色块进行装饰，就可以高效完成制作。

瞧，用 SmartArt 做出的时间轴，是不是也很棒？

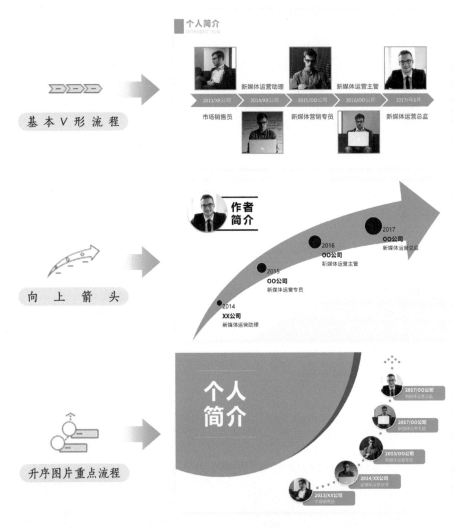

基 本 V 形 流 程

向 上 箭 头

升序图片重点流程

有了这种方法，就再也不怕制作各种时间轴 PPT 啦！赶紧动手试一试吧！

用 *SmartArt* 制作时间轴，你学会了吗？
扫码即可观看作者录制的配套教学视频，
边看视频边动手练习效果更佳。

架构图*PPT*用的地方也很多，也可以用这样的方式制作吗？

5. 一分钟完成组织架构图 PPT

在公司介绍中，我们经常会看到各种庞大而又复杂的组织架构图，一旦有人事变动还得经常改，如何快速做出组织架构图呢？难道要徒手画？

用对方法，做组织架构图超简单！还是要先对内容进行分级处理。

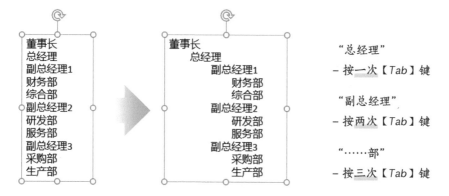

然后选中文本框，单击【转换为 SmartArt】——怎么开始？已经结束了！

默认版式是悬挂式，如果想要进一步调整，可以按住 Ctrl 键的同时选中 3 个副总经理，然后到【SmartArt 工具】下方的【布局】按钮中，单击"标准"。

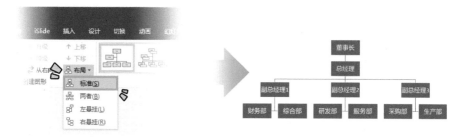

瞧，做出这样的组织架构图，是不是就很简单了？

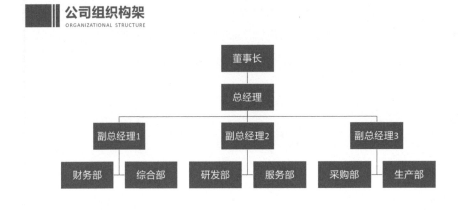

当然了，这并不是唯一的组织架构图形式，有很多种选择，比如你能做出下面这两种架构图吗？快去下载素材动手试一试！

但工作中还有一种特殊情况: 比如要加一个"董事长助理"这样的角色该怎么办？

很简单，选中"董事长"，然后通过【SmartArt 工具】-【添加形状】-【添加助理】即可轻松实现。

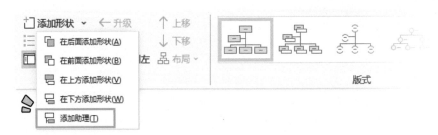

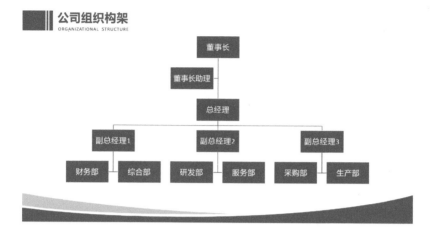

再来个更复杂一点的：如果要求架构图上每一个名字要放上对应的照片，怎么办？

其实 PowerPoint 早就为你想好了，各种组织架构图非常全面，包括带图片的！

在"其他 SmartArt 图形"的"层次结构"类别下，可以看到 13 种结构图，其中有一个叫"圆形图片层次结构"。

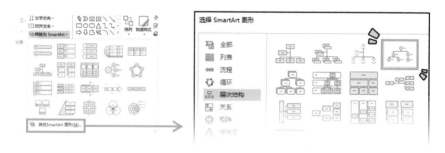

选中"圆形图片层次结构"并单击【确定】按钮，即可得到这样一个结果。

圆形的图标是占位符，单击即可选择照片轻松插入！

带照片的组织架构图，就这样轻松搞定！

有了这种方法，就再也不怕制作各种组织架构图啦！赶紧动手试一试吧！

快速制作组织架构图，你学会了吗？
扫码即可观看作者录制的配套教学视频，
边看视频边动手练习效果更佳。

<<<<<<<<<<<<<<<<<<<<<<<<<

我发现排版时"对齐""增加""删减"可麻烦了，这有招吗？

6. 什么？表格竟然是个排版利器

在 PPT 里，表格在排版上有独特的优势，运用自如的话，堪称利器！

只有一个单元格时，表格的使用跟文本框没有太大差异。一旦有两三组甚至更多内容需要成组排版，表格就有奇效了！

在 PPT 里要做出下面这个 PPT 目录，你会怎么做？

如果你想的方法是手动插入文本框和线条再手动——调整。

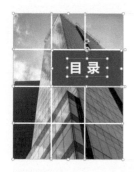

- 插入7个文本框
- 插入10条水平横线
- 插入2条垂直竖线
- N次对齐、分布⋯⋯

 喝杯可乐压压惊

这么多的手动操作，想想都觉得可怕！

更可怕的是，如果目录需要调整，比如要增加或删减一个标题，往往要牵一发而动全身，带来很多的"对齐"和"分布"修改操作，会非常麻烦。

但是如果我们用表格来做呢？只需要两个表格即可！

你可以将表格看成组团的"线条和文本"，使用表格代替文本框可以达到事半功倍的效果，通过整体调整表格的大小、行列，可以来批量调整间距、对齐的问题，把表格当作批量编辑的文本框，调整段落距离和对齐方式，非常高效！

用表格排版不但高效，还可以做出好看又有创意的封面、目录和内容页！

第一步，挑选一张高清图片插入幻灯片中，绘制与图片等大的表格。

第二步，先选中图片并按 Ctrl+X 快捷键进行剪切，再选中所有表格，右键单击后选择【设置为形状填充】-【图片或纹理填充】-【剪贴板】，勾选【将图片平铺为纹理】，即可将图片填充到整个表格中。

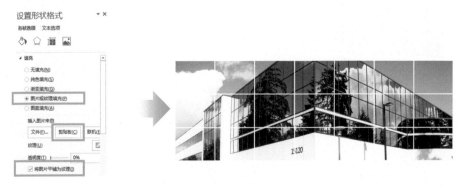

第三步，选中其中个别单元格，在【表格工具】-【设计】-【底纹】中设置为"无填充颜色"，可以得到错落有致的排版效果。

最后填上相应的文本和 Logo 就完成了。

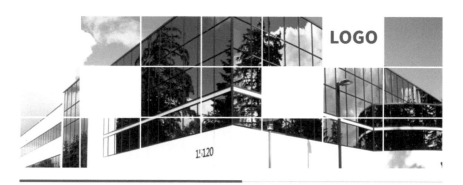

另外，通过对单元格的合并与填充，还能玩出更多花样！选择需要合并的单元格，单击【表格工具】-【布局】-【合并单元格】，将多个单元格合并。

填颜色，加文字，即可完成这样的封面。

这个方法，设计和创意主要从两个角度切入。

第一是图片。给表格填充不同风格的图片，会让 PPT 呈现不同气质，比如用一张商务建筑，完成的就是商务风 PPT，而用一张高校大门素材，完成的是学术风格。

第二是单元格。给单元格填充不同的颜色，可以形成各种有趣的排版效果，以下这两个案例，都是用表格做出来的，你能看出来吗？

如果素材充分，用多张图片分别填充单元格，还可以做出更多有趣的排版效果！

表格排版的操作没有看明白？
扫码即可观看作者录制的配套教学视频，
边看视频边动手练习效果更佳。

综上，灵活更换与搭配不同的单元格填充位置，可以做出更多让人眼前一亮的
创意排版效果！比如用表格做出花样百出的团队介绍。

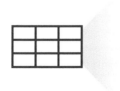

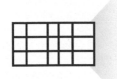

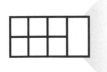

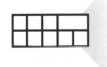

没想到吧？表格还是排版利器！本节全部文件已打包提供下载，还会不断扩充！

关注微信公众号【老秦】（ID：laoqinppt）

回复关键词"表格"

获取《PPT表格的100种玩法》PPT源文件

100种
PPT表格玩法

福利！

平时工作中做PPT经常都是急活儿，排版还有更快的办法吗？

7. 什么？PPT 还能智能自动排版

在人工智能已经火遍大街小巷的年代,能否通过 AI 又快又好地完成 PPT 排版呢?

不要觉得这个很遥远，这是已经在发生的现实——这个功能叫"设计灵感"，使用 Office 365 版本并且在连网状态下即可使用。

❶ 单图排版

在空白 PPT 页面上插入一张图片，然后单击【设计】-【设计灵感】，即可在 PPT 编辑区右侧出现多种图片排版方式!

直接选择你喜欢的设计样式，然后再添加文字即可完成 PPT 制作!

所以，只需找到某种风格的照片，就能快速制作该风格的 PPT！

要做商务风 PPT？找一张商业大楼的照片，在【设计理念】中找到这个样式。

 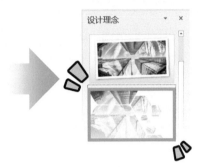

瞧，做出这样的商务风 PPT，是不是很简单？

要做中国风 PPT？找一张古建筑的照片，在【设计理念】中找到这个样式。

瞧，做出这样的中国风 PPT，是不是很简单？

❷ 多图排版

把多张图片放在空白页面上，单击【设计灵感】即可轻松实现多图排版。

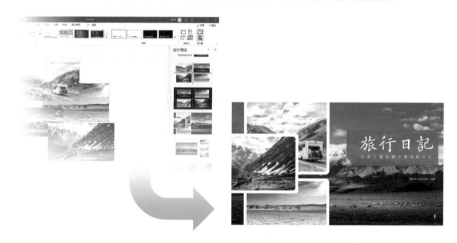

需要注意的是，目前"设计灵感"最多支持 6 张排版图片。

多图排版中有一类特殊情况就是做团队介绍 PPT，这种情况最麻烦的地方就是把这些尺寸比例不一的人物照片，逐一裁剪出合适而统一的部位。

"设计灵感"功能使用了人脸识别技术，可以精确定位脸部并智能裁剪，所以在你放置多张人像图片时，"设计灵感"会提供给你最优的排版方案。

既然最复杂的操作完成了，你只需插入文本框写字就行了。

Members of the NextSat

This is a team of young people who want to do the best office education
in the country.They have built their own brand, NextSat.

Alison　　　　*Jojo*　　　　*Jason*　　　　*Vivian*

你做出来了吗？快下载配套素材练起来！
将作业加话题 # 工作型 PPT# 发微博并 @ 秦阳，
可以获得作者的亲自点评。

❸ 纯文字排版

"设计灵感"会根据文本框中的文字，通过分析，给出合适的布局方案建议，让 PPT 的文字排版的视觉体验更好，逻辑性更强。

比如，使用 PPT 自带的【版式】中的"标题和内容"输入以下文字。

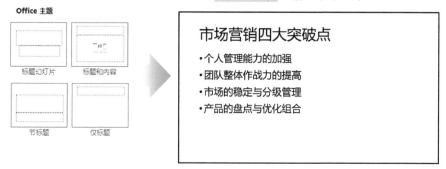

然后单击【设计灵感】会自动排版生成各种排版样式，任意单击一款即可完成排版布局，甚至会自动配上小图标！

基本的排版已快速完成，接下来可以手动优化配色和细节，提高制作效率。

如果内容中有明显的并列、递进、时间等逻辑关系，"设计灵感"还会结合
SmartArt 自动排版生成匹配的样式，比如这个带有时间的文本。

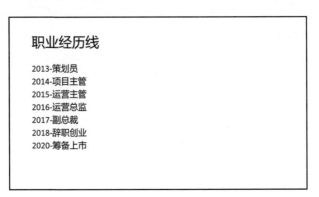

就可以通过"设计灵感"自动转成各种时间轴 PPT！

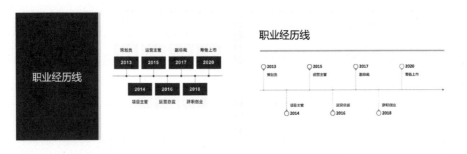

④ 图文混排

使用 PPT 自带的【版式】输入文字，放一张配图在页面上。

然后单击【设计灵感】，就能看到关于当前图文的多种排版！

只需单击就可以直接生成结果，所见即所得！这些都是一键自动生成的排版。

如果页面上有两张图，可以自动生成这样的排版。

看到这里，你有什么样的感受？是不是感觉这已经比很多职场人做的都还要好了？

而且，在我们睡觉时、休息时、娱乐时……AI 都在持续不断地训练和进化。

无法想象，未来人工智能会发展到什么程度！

对于这个"自动排版"操作没有看明白？
扫码即可观看作者录制的配套教学视频，
边看视频边动手练习效果更佳。

未来，单纯的排版和美化工作，可能会逐渐被人工智能取代。

未来已来，只是尚未流行。

如果不依赖这些工具，要精耕细作，那应该如何排版美化呢？

8. 美化一页 PPT，只需要 4 个步骤

有很多读者这样描述自己做 PPT 的困惑：学了很多 PPT 技巧，明明感觉都会了，但为什么到了工作中对着一页 PPT，想要做得好看，脑海中却还是一片空白？

为什么会出现这种情况？原因很简单：没有章法。

什么叫没有章法？——本质就是没有目标导向。

原因又是什么呢？——不知道实现目标的思路。

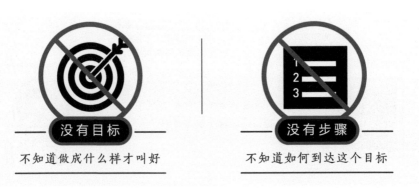

那么解决方案也就逐渐明朗了。

第一，目标：一份好的 PPT 到底应该满足哪些条件？

第二，步骤：为了实现这几个条件，分别应该做什么操作？

这两个问题真正搞清楚了，就会得到一个"PPT 美化思路"。有了明确的思路，当然就不会没有章法，不管是什么样的 PPT，兵来将挡水来土掩。

合格的 PPT 需要满足哪些标准，或许你一时不知从何说起，那不妨从反面找找。

不合格的 *PPT* 都长什么样呢？

> PPT上的字太小了！看不清！
>
> ……
>
> …… 选的字体太另类，我都不识字了！
>
> 背景太花哨了！ ……
>
> 根本不知道他这一页PPT想讲什么！
>
> 这个PPT的配色真是亮瞎我了！ ……
>
> 这分明是个Word！
>
> ……
>
> …… 一 点 都 看 不 进 去 ！
>
> 这个PPT上面全是密密麻麻的字，看得我密集恐惧症都犯了！

吐槽的角度虽然有很多，但总结下来，不合格的 PPT 无非这样 4 个。

阅读体验差、重点如抓瞎、配色杂乱花、如同 Word 搬个家。

接下来就很简单了，我们反过来就找到了 PPT 的正确制作方式。

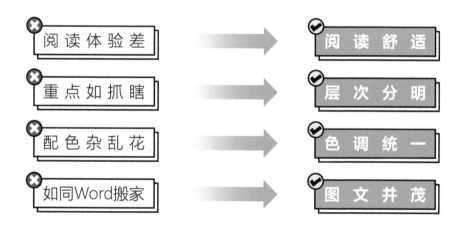

那"合格"的标准我是知道了，可具体该怎么操作呢？

标准确立了，操作也就水到渠成，把 4 个"标准要求"翻译成"操作步骤"。

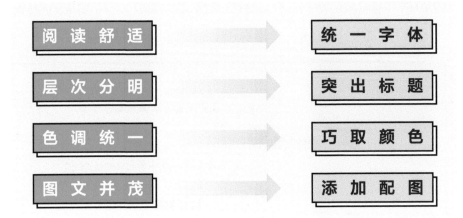

这 4 个步骤，就是一个万能美化思路——"PPT 美化四步法"。

很多人或许对这 4 个操作并不陌生，但在实际制作过程中，美化思路没有章法，做一步算一步，经常有遗漏或疏忽。

所以最佳的方式就是通过一个系统全面的步骤，循序渐进，步步为营。

具体怎么用呢？我们来看一个案例。

服务人员管理问题

　　（1）店员专业培训不到位：培训内容不够有针对性；培训自上而下的传达力度不够。

　　（2）店员管理不完善：没有明确的分工专区；没有明确的奖惩制度；没有专门的工作制服。

　　（3）店面运营问题：缺少针对性方案和特色服务。

原稿中的文字堆积在一起，放到投影幕布上阅读体验很差。这种情况建议在统一字体的同时，将文本进行整理，使用一行行短句，提升阅读体验。

服务人员管理问题

店员专业培训不到位
培训内容不够有针对性
培训自上而下的传达力度不够
店员管理不完善
没有明确的分工专区
没有明确的奖惩制度
没有专门的工作制服
店面运营问题
缺少针对性方案
缺少特色服务

第❶步

统一字体

把文本全选
将字体统一
为微软雅黑

服务人员管理问题

店员专业培训不到位
- 培训内容不够有针对性
- 培训自上而下的传达力度不够

店员管理不完善
- 没有明确的分工专区
- 没有明确的奖惩制度
- 没有专门的工作制服

店面运营问题
- 缺少针对性方案
- 缺少特色服务

第❷步

突出标题

将标题加粗
并用项目符
号增加层次

服务人员管理问题

店员专业培训不到位
- 培训内容不够有针对性
- 培训自上而下的传达力度不够

店员管理不完善
- 没有明确的分工专区
- 没有明确的奖惩制度
- 没有专门的工作制服

店面运营问题
- 缺少针对性方案
- 缺少特色服务

第❸步

巧取颜色

取色块的主
色调将标题
颜色统一

下面还有最后一步，给这一页配上图片。

如果是实拍的相关照片最好，如果没有这样的素材，也可以在搜索引擎上搜索"服务员""超市"等关键词，寻找匹配的图片。

最后，选择恰当的图片加到 PPT 上。

服务人员管理问题

店员专业培训不到位
- 培训内容不够有针对性
- 培训自上而下的传达力度不够

店员管理不完善
- 没有明确的分工专区
- 没有明确的奖惩制度
- 没有专门的工作制服

店面运营问题
- 缺少针对性方案
- 缺少特色服务

第④步

添加图片

使 用 了 最 常
见 的 左 图 右
文 排 版 方 式

回顾一下，整个美化过程中使用的都是最常见的加粗、加大、换颜色等非常普通的操作，但确保了页面上要点清晰、层次分明，这就是职场人日常工作中应该做到的程度。当然了，随着经验的积累，更多设计技巧还会让页面越来越出彩。

服务人员管理问题

店员专业培训不到位
- 培训内容不够有针对性
- 培训自上而下的传达力度不够

店员管理不完善
- 没有明确的分工专区
- 没有明确的奖惩制度
- 没有专门的工作制服

店面运营问题
- 缺少针对性方案
- 缺少特色服务

那什么样的排版，才算"更高级"呢？

9. 美化一张 PPT，有 3 种段位思路

PPT 美化四步法能够帮助普通人在制作 PPT 时有章可循，但也只能美化出"及格"的 PPT。那问题来了：什么样的美化可以称为"高阶"呢？

其实，美化 PPT，有 3 种思路：

- 视觉元素运用

- 信息内容处理

- 可视化的表达

网上曾经流传 #张继科的答辩 PPT#，引起全网的热议。本节就以这份答辩 PPT 为例，谈一下 PPT 的这 3 种美化思路。

❶ 视觉元素运用

做设计不能毫无根据，所以要提取准确的视觉元素，在其基础上完成设计。

提取视觉元素，一般可以从两个角度出发。

第一是从立场出发——天津科技大学。

这张 PPT 虽然也用到了这个技巧，但是把图放得很小，而且放在了整个页面的角落，显得很不起眼，又比较突兀，好像很多余。

那如何能更好地运用好天津科技大学的元素呢？

将天津科技大学的 Logo 放在标题栏，简洁大方又直观；或者将学校的照片加一层蒙版置于底层，这不就是表达——我的背后是母校的人文情怀吗？

第二是从内容出发——体育 / 乒乓球。

比如，找一张实物乒乓球图片作为背景。

思路 ❶

乒乓球

用一枚乒乓球PNG图作为视觉元素

思路 ❷

乒乓球场

找一张乒乓球场实景照片作为背景

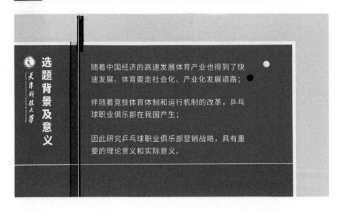

思路 ❸

乒乓球台

用一个乒乓球台作为内容承载物

用视觉元素做设计，是一名 PPT 设计者的基本功，但也就是"基本功"而已。

如果想要进一步提升自己的能力，就要把注意力放在内容上。

❷ 信息内容处理

PPT 有"阅读型"和"讲述型"两种。

"阅读型"的 PPT，用于传阅，应阅读通畅，制作时需要注意内容的完整性，所以一般文字比较多；"讲述型"的 PPT，用于演讲，需要专人讲解，制作时需要让核心信息和观点被观众一眼看清楚，补充性的文字可以口头表达。

用于传阅，应阅读通畅
制作时需要注意内容的完整性

用于演讲，需要专人讲解
制作时需要注意配合演讲的细节

所以如果是答辩、汇报等应用场景，这一类讲述型的 PPT 不能把"原材料"一股脑地丢到 PPT 上，把 PPT 当 Word 用，不能让听众仰着脖子去阅读，而是要让听众一眼看到重点，并配合讲述人的讲解，两者形成最佳的互补，进行信息的传达。

这页 PPT 信息要简化，重点就是：

随着中国经济的高速发展体育产业也得到了快速发展。体育要走社会化、产业化发展道路，伴随着竞技体育体制和运行机制的改革，乒乓球职业俱乐部在我国产生。因此研究乒乓球职业俱乐部营销战略，具有重要的理论意义和实际意义。

中国经济高速发展

体育产业要"双化"

乒乓球职业俱乐部

然后根据 3 个版块，将乒乓球与球台的视觉元素加进去，这一页就可以这样做。

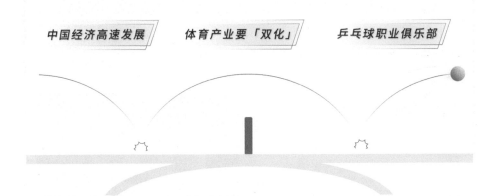

如果这个信息是有层次的，那么，可以改变不同文字的大小来体现，比如：

信息经过这样的处理，阅读负担是不是更轻了？这样，才有助于信息的传达。

但是，这依然不能算最佳的方案。

因为这样的设计，本质还是信息的陈列，只是经过了信息的简化而已，并没有准确呈现这些关键信息之间的关系。

❸ 可视化的表达

可视化表达的目的是"清晰地表达关系""通俗易懂的理解"。

如果内容中有侧重点，那就挑选最重要的信息进行可视化。

比如，想强化"体育产业双化"趋势下乒乓球俱乐部的应运而生。

那么视觉上，就可以在球台两侧分别代表"当下的体育产业"和"未来双化的趋势"，跳动的乒乓球代表"乒乓球俱乐部"，运动的方向表示向哪个趋势走。

那这一页 PPT 就可以这样设计。

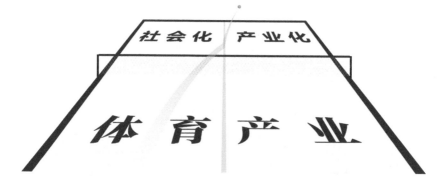

如果内容的表达没有孰轻孰重，而是要全面地表达所有内容信息的关系，那么常用的思路就是使用图表、图示。

PPT 上如果带有数据，可以考虑图表；如果是文字，那可以考虑用图示。

所谓图示，也就是用点、线、面来表达文字信息之间的关系。

比如，用最简单的圆形尝试梳理 3 者之间的关系，这一页 PPT 就可以这样做。

这样的 PPT，一般都需要配合讲述人的口头语言进行补充，如果是阅读型的，也可以在备注中注明一些解释性质的文字。

这种互补的效应，既可以让重点信息清晰呈现，又可以根据信息的补充辅助理解，进而达到信息的传递作用，才更符合演示的需求。

但由于二维平面有时候不是非常便于理解，所以也可以把设计空间打开。

这样用三维的方式设计，是不是让关系的表达更直观了？

如果想让 PPT 更加形象，还可以通过"象征物"去比喻。

也就是找到最匹配的象征物，然后找到象征物和信息之间的联系，通过大众所熟悉的象征物的关系，来辅助理解信息之间的关系。

比如主题是乒乓球，那么就可以把乒乓球拍与乒乓球的关系，延伸到这个图示中。

没错，中国经济和体育事业的关系，不就是一个乒乓球拍和球的关系吗？

视觉化的表达能够让对方印象深刻，耐人寻味，大大提升沟通和传达的效率。尤其现在是一个"读图时代"，视觉化能力就显得更为重要。

有人会问，这个是怎么想出来的呢？这个没有捷径，要先经过大量的看、练、模仿，才会对这个领域"有感觉"，学语言有"语感"，玩互联网有"网感"，做 PPT 也有"P 感"。"P 感"足了才不会无章可循，它已经成了你感觉中的一部分，有时候你也不知道为什么要那么做，但是就是会做，而且就是好看、有想法。

这里，秦老师也为你准备了一份礼物。

关注微信公众号【老秦】（ID：laoqinppt）
回复关键词"灵感"获取《PPT 灵感手册》
超 5000 页的优秀 PPT 设计灵感库！

通过这个案例，你理解什么叫 PPT 了吗？

PowerPoint

←----- 有视觉冲击力 ------→ ←----- 有逻辑有重点 ------→

(设计形式)　　　　　(内容表达)

没错，"PowerPoint"，即"Power"your"Point"！

于是，PPT 最需要的两个能力也就浮出水面：

结构化思考 + 视觉化表达

岂止 PPT 需要"视觉化表达"，语言或文案也要学会"视觉化表达"。

比如当别人还停留在描述产品层面，用"1GB 超大存储量"宣传产品时，乔布斯却用"把 1000 首歌装进你的口袋"这种视觉化的表达，传达出拥有产品的幸福感，即便没有 PPT，这句文案依然可以打动你。

想进一步了解什么是"视觉化表达"？
想知道视觉化表达的 4 种意义吗？
扫码即可观看作者的配套教学视频。

≪≪≪≪≪≪≪≪≪≪≪

所以美化不仅仅是把页面做好看，还要做"视觉化表达"，提升沟通和信息传达的效率，这才是真正的"PowerPoint"。

　做PPT美化时，好像字体用得最高频，这个能详细讲讲吗？

文字之快

WORK TYPE PPT

THREE

3

说起字体，就想起我当年做暑期实习的时候遇到的一件事儿。

当时我去饮水机接水，路过同事小A的工位，听她嘟嘟囔囔抱怨"总监真变态！"

我八卦地问了一嘴："怎么啦？"她指着电脑说："你瞅瞅。"

原来总监有一份培训用的PPT课件，要在总部大会上分享经验，有足足150多页。

这个PPT课件中本来使用了一些特殊的字体，但是大领导看后觉得不好，需要换掉。于是总监就把换字体的活儿安排给了小A，然后小A就一页一页地修改，越改越烦躁，改到第50页的时候已经崩溃了……

我说，来，教你一招。于是我把手里的杯子放下，鼠标点了两下……瞬间，整个PPT的字体就一下换好了，然后我这一辈子都忘不了小A当时震惊的表情。

任何重复性的劳动都有偷懒的诀窍，哪怕100页PPT，更换字体也就几秒钟。

加班不要总是怪老板，或许就是你自己瞎干！

文字作为PPT中最高频的元素，如果不懂得高效的技巧，会浪费太多的时间。

本章就来盘点一下文字的6大问题。

1. PPT 字体的经典搭配方案

字体那么多，很多人做 PPT 时会纠结：该选哪种字体呢？

每一种字体都有自己的风格气质，这里推荐几款常见的与各种风格匹配的字体。

风格	典型字体推荐	
政务风	方正小标宋简体	方正大标宋简体
	方正粗宋简体	华康宋体
	方正粗雅宋	方正超粗黑
商务风	冬青黑体	汉仪旗黑
	华康俪金黑	微软简标宋
	造字工房朗宋	造字工房俊雅体
学术风	冬青黑体	汉仪旗黑
	华康俪金黑	方正正粗黑简体
	华康标题宋	方正粗宋简体
中国风	华文中宋	汉仪全唐诗简
	方正清刻本悦宋简体	方正宋刻本秀楷简体
	禹卫书法行书简体	汉仪尚巍手书
科技风	方正兰亭细黑简体	演示斜黑体
	汉仪菱心体简	造字工房力黑
	庞门正道标题体	阿里汉仪智能黑体
可爱风	幼圆	华康圆体
	方正喵呜体	新蒂下午茶基本版
	喜鹊小轻松体	方正静蕾简体

如果是多种字体的组合，如何搭配比较好呢？接下来推荐几款经典的字体搭配。

商务风 PPT 字体经典搭配

主要用于工作汇报、年终总结、公司介绍、产品介绍等相关的 PPT 制作。

| 标题 | 微　软　雅　黑 |
| 正文 | 微软雅黑 *Light* |

| 标题 | 华　康　俪　金　黑 |
| 正文 | 思源黑体 *Light* |

| 标题 | 思源黑体 *Bold* |
| 正文 | 思源黑体 *Normal* |

| 标题 | 锐字锐线怒放黑简 |
| 正文 | 苹　方　常　规 |

| 标题 | 思源宋体 *Heavy* |
| 正文 | 思源黑体 *Light* |

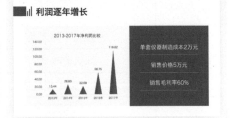

| 标题 | 冬青黑体简体 *W6* |
| 正文 | 冬青黑体简体 *W3* |

学术风 PPT 字体经典搭配

主要用于毕业答辩、项目申报、教学课件、学术竞赛等相关的 PPT 制作。

多功能转换器设计与实现

标题　微软雅黑

正文　微软雅黑 Light

标题　华康俪金黑

正文　黑　　　体

组织超声回波频谱研究

TISSUE ULTRASONIC ECHO SPECTRUM STUDY

答辩人：张伟崇 | 指导老师：秦院士

标题　思源宋体 Heavy

正文　仿　　　宋

比亚迪
集成创新模式探究

标题　华康标题宋

正文　微软雅黑 Light

阿尔茨海默症患者照护者

睡眠状况及相关因素调查研究

标题　思源宋体 Heavy

正文　华文楷体

关于市场定位理论的解读

标题　思源黑体 Bold

正文　思源黑体 Light

中国风 PPT 字体经典搭配

主要用于传统文化、名胜古迹、历史课件等相关的 PPT 制作。

| 标题 | 文 悦 青 龙 体 |
| 正文 | 方正宋刻本秀楷简体 |

| 标题 | 字 酷 堂 清 楷 体 |
| 正文 | 方 正 楷 体 |

| 标题 | 演 示 镇 魂 行 楷 |
| 正文 | 方正清刻本悦宋简体 |

| 标题 | 方正清刻本悦宋简体 |
| 正文 | 华 文 楷 体 |

| 标题 | 演 示 新 手 书 |
| 正文 | 喜 鹊 聚 珍 体 |

| 标题 | 叶 根 友 唐 楷 简 体 |
| 正文 | 微软雅黑Light |

科技风 PPT 字体经典搭配

主要用于互联网行业、产品发布会等相关的 PPT 制作。

标题 庞门正道标题体

正文 微 软 雅 黑

标题 阿里汉仪智能黑体

正文 微 软 雅 黑

标题 方正兰亭超细黑

正文 方 正 兰 亭 中 黑

标题 造 字 工 房 力 黑

正文 微 软 雅 黑

标题 汉 仪 菱 心 体

正文 思 源 黑 体

标题 汉 仪 雅 酷 黑

正文 微 软 雅 黑

可爱风 PPT 字体经典搭配

主要用于母婴群体、少儿群体、手绘场景等相关的 PPT 制作。

| 标题 | 华 康 海 报 体 |
| 正文 | 浪 漫 雅 圆 |

| 标题 | 汉 仪 小 麦 体 |
| 正文 | 幼 圆 |

| 标题 | 方 正 喵 呜 体 |
| 正文 | 方 正 静 蕾 简 体 |

| 标题 | 新 蒂 下 午 茶 基 本 版 |
| 正文 | 微 软 雅 黑 Light |

| 标题 | 华 康 勘 亭 流 |
| 正文 | 造 字 工 房 尚 黑 |

| 标题 | 汉 仪 铸 字 童 年 体 |
| 正文 | 汉 仪 时 光 体 |

要注意很多字体未经授权擅自商用是要吃官司的。鉴于大部分人没有足够的资金购买高昂的字体授权，所以下面就为大家盘点一下目前有哪些免费可商用的中文字体。

	思源黑体	Google 和 Adobe 合作推出的开源字体，不但字符齐全，还有七种字体粗细可供选择
思源系列	思源宋体	
	思源柔黑体	在思源黑体基础上圆角处理，更显活泼、可爱、活力
	思源真黑体	在思源黑体基础上做了进一步优化，字形更加锐利
站酷系列	站酷高端黑体	站酷冠名的第一款公益字体
	站酷酷黑体	粗犷有力，宽扁型的字面构建出厚重的字体形态
	站酷快乐体	风格活泼又快乐，经常被综艺节目使用
	站酷文艺体	字形新颖独特，应用环境广泛，清新而至，文艺范儿十足
	站酷小薇Logo体	填补免费字体中的Logo体空缺，笔画浑厚，识别性高
	站酷庆科黄油体	一款字型创新、线条圆润、极具设计感的字体
庞门正道系列	庞门正道标题体	很适合作为标题使用，表现力特别强
	庞门正道粗书体	一款识别度比较高的书法字体
	庞门正道轻松体	非常适合轻松惬意，活泼欢快的设计风格
方正系列		方正黑体、方正书宋、方正仿宋、方正楷体
阿里巴巴普惠体		一款拥有现代感并能匹配全场景使用的黑体
杨任东竹石体		是一套可以免费商用的多字重中文手写字体
沐瑶手写体系列		由设计师"春颜秋色"一笔一划手写出来的字体，目前有两款：沐瑶软笔手写体、沐瑶随心手写体
手书体		平面设计师 Joker9亲笔书写完成的手写字体
汉仪贤二体		起笔收笔锋利，结构松散，达到诙谐幽默的效果
装甲明朝体		基于思源宋体修改而成，文字表现上显得张力更强
锐字真言体		笔画较粗，存在感很强，作为标题文字很合适
细明体		一款旧字形外观字体，字形构架稳固，庄重而大方
卓健橄榄简体		一款设计感和时尚属性较强的字体，符合现代审美
OPPO Sans		OPPO品牌字体，造型简洁干净，富有生命力

在这里要特别强调一下，很多人经常使用的"微软雅黑"字体是不能商用的，因为微软雅黑的版权方属于北大方正。由于"微软雅黑"的名称并没有带"方正"，很多人以为是微软系统自带的，使用时没有风险，而这是一个很大的误解。近几年发生过多起方正维权微软雅黑的事件，一定要注意。

当然了，我们首先必须得尊重字体开发这个行业，因为开发字体是一项非常庞大的工程，据说微软雅黑平均每个字造价就在 100 美元左右，所以，这也就更显得那些免费可商用字体的弥足珍贵了，在此向他们表达崇高的敬意。

关注微信公众号【老秦】（ID：laoqinppt）
回复关键词"字体"
获取 40 多款最新免费商用字体合集安装包

还有一些字体，虽然不能直接免费商用，但只需几十元的授权费即可终身使用，相比于字体大厂一款字体一年上万元的授权费，以下这些字体可以堪称白菜价了。

演示系列	由"Keynote研究所"人生哥专为演示研发的字体，目前已发布两款，演示新手书体98元、演示镇魂行楷体9.9元，两款字体均为毛笔书法字体，大气磅礴，被大量大型发布会选用	微信公众号搜索"Keynote研究所"，点击菜单即可跳转购买
喜鹊系列	"喜鹊造字"致力于"创作所有人都用得起的正版字体"，字体作品多次获得国内外字体设计大赛奖项，目前已发布招牌体、乐敦体、聚珍体、在山林体、小轻松体、乌冬面体、古风小楷、古字典体等字体，每款字体只需99元	用微信小程序搜索"喜鹊造字"或者在淘宝搜索"喜鹊造字"的店铺
字魂系列	全站有数百款字体，无论是字体种类还是字体质量都非常优秀，与其他字库授权方式不同，字魂系列字体在购买授权后，全站所有字体可以通用，所以性价比很高，比如个人商用授权费用仅需99元即可使用上百款字魂系列字体	搜索引擎搜索"字魂网"访问官方网站，点击"字体授权"根据自己所需购买

五花八门的字体那么多，要从哪里去下载呢？

2. 解决字体下载问题，你需要这两个利器

在各字体官网和很多素材网站都可以下载字体，不过大多并不全面，还需要注册、登录等，下载了字体还需要自己安装，比较烦琐，所以建议使用字体下载软件。

❶ 字体管家

带有海量字体库，中文字体上万种，可以实时预览字体效果，单击即可一键安装。

❷ 字由

对字体进行了分类整理，可以通过收藏、搜索、标签、案例等快速找到心仪的字体，同样也可以实时预览字体效果，单击即可直接安装。

 如果看到一款字体很喜欢，却不知道字体名称怎么办？

3. 解决字体识别问题，有它就够了

如果你在网站或户外广告上看到一款字体特别喜欢，却不知道字体名称怎么办？

那就需要用到另一个神奇的网站：求字体网。

当你遇到不认识的字体，只需上传截图到这个网站，即可帮你识别是什么字体。

而且在显示识别结果的同时，还提供字体下载，非常方便。

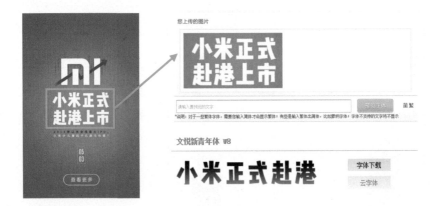

不过，还是建议多认识一些各种风格的字体，在做 PPT 时就不用临时抱佛脚。

关注微信公众号【老秦】（ID：laoqinppt）

回复关键词"报告"

阅读深入解析字体的专栏《字荐报告》

<<<<<<<<<<<<<<<<<<<

领导不满意我PPT上使用的字体，让我全部替换，怎么办？

4. 一秒更换 100 页 PPT 的字体

由于领导的喜好或一些场景的限制，你可能需要更换 PPT 中的字体，面对长达几十甚至上百页的 PPT，选择一个个文本框再修改，一上午可能都改不完。

其实更换字体很简单，使用以下任何一种方式，一秒就能搞定！

❶ PPT 中的【替换字体】功能

通过【开始】→【替换】→【替换字体】，调出"替换字体"。

然后分别选择需要"替换"和"替换为"的字体名称，再单击右侧的【替换】按钮，即可将整个 PPT 中的某一种字体全部一键替换为另外一种，就这么简单！

❷ iSlide 插件

利用 PPT 自带的【替换字体】功能，只能一次更换一种字体，面对要把多种字体变成同一种字体的时候，就只能通过重复手动操作了。

尤其是当拿到一份别人的 PPT 需要修改时，发现里面"十分具有创意"地使用了 N 种字体，真的很想一秒钟将所有字体打回"微软雅黑"，放过自己的眼睛。

这个时候，可以通过 iSlide 插件来快速实现统一多种字体的操作。

从菜单栏选择【iSlide】-【一键优化】-【统一字体】，在弹出的菜单栏中选择想要替换的中英文字体，单击【应用】按钮即可完成替换。

③ 美化大师插件

美化大师插件的替换字体功能，可以选择标题、文本框、表格等不同的对象和范围来进行替换，而且除了更换字体，还能选择批量处理字号、加粗、斜体等。

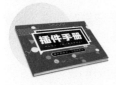

❹ 设置主题字体

通过【设计】→【变体】→【字体】→【自定义字体】，即可自定义主题字体。

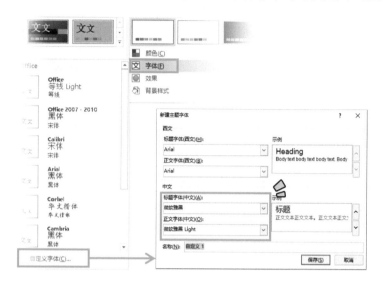

设置好【主题字体】，当新建文本或新建幻灯片，默认字体就是所设置的主题字体而不是宋体，这样就再也不用时时刻刻惦记着要把宋体给换掉啦，可以减少频繁更换字体的时间！

而且设置好主题字体搭配后，当你更换主题字体，整个 PPT 中使用了主题字体的文本，会全部批量更新，非常方便！

设置主题字体的操作，你都学会了吗？
扫码即可观看作者录制的配套教学视频，
边看视频边动手练习效果更佳。

 字体只能用于写字吗？还有没有更创意的用法？

5. 5大创意用法，让文字更出彩

只用文本框写字，换一种不错的字体，虽然便捷，但文字的表现力不足。

如何让文字在PPT中更有创意呢？一般有5种思路。

❶ 图文合并

当你选择两个或两个以上的对象时，通过【绘图工具 - 格式】-【合并形状】可以对它们进行计算，得到不同的结果。

打开【合并形状】下拉菜单，一共有5个功能。不要被这些陌生的词汇吓跑，可以结合中学的"集合"概念来辅助理解，比如并集 - 结合、交集 - 相交、补集 - 剪除。

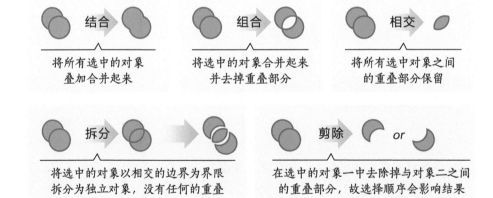

将所有选中的对象叠加合并起来

将选中的对象合并起来并去掉重叠部分

将所有选中对象之间的重叠部分保留

将选中的对象以相交的边界为界限拆分为独立对象，没有任何的重叠

在选中的对象一中去除掉与对象二之间的重叠部分，故选择顺序会影响结果

这5个基本功能看似平庸无奇，但蕴含着PPT无限的可能，是高手必备的武器！

比如，做PPT没有图标？快速插入3个圆形和1个矩形。

瞧，不用任何素材，就这样完成了 PPT 的设计制作！

原理搞清楚了，回到关于文字的处理。如果将文本框和图片之间进行合并形状，就可以得到很多有创意又有内涵的效果，比如文本框与纹理相交。

相交

也可以将与文本内容匹配的图片进行"相交"，使图文二合一。

相交

不过这样的处理，会使文本的阅读识别性降低，所以不宜有太多、太小的文字，一般是将 PPT 上最重要且字号较大的关键字、关键词与相应的图片进行合并，起到"画龙点睛"的作用。如将"春季班"中的关键字"春"进行强化。

不过相交处理得到的结果，识别性会降低，比如这个结果已看不出是"重庆"了。

所以可以用一些具有个性标志特色的 PNG 格式图片，放在文字上进行装饰。

经过这样的调整，一张城市名片是不是就做好了？

还可以用美食、地标等元素装饰，强化视觉效果，重在挖掘文字背后的含义。

关注微信公众号【老秦】（ID：laoqinppt）
回复"脑洞"，阅读《另P蹊径》系列教程
学更多 PPT 的创意玩法，让 PPT 更亮眼！

② 文本变形

将形状与文本叠加并进行"相交"，可以对文本框进行矢量化处理。然后选择矢量化文本并右键选择"编辑顶点"，即可手动自定义移动文字的顶点。

有了这个技巧，就可以对文字做个性化的调整，改善文字的设计风格。

瞧，这样做出的封面，相比于普通的字体，效果是不是更加突出，更吸引眼球？

③ 移形换位

将文本的某个局部与形状重叠并进行"剪除"，使文字形成"残缺"，这个效果经常更耐人寻味，可以表达某些带有寓意的内涵。

 剪除

文字残缺后还可以用色块、图标、图片等元素进行"局部替换"，通过二次加工让文字的表现力更强。以"战"字为例。

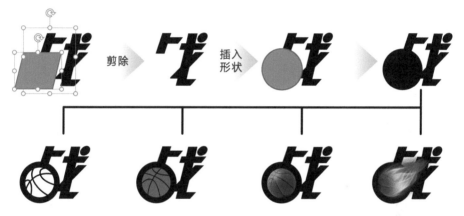

瞧，通过这样的手法做出的 PPT 封面，表现力是不是更加强烈了？

❹ 添加笔刷

电脑中的毛笔字体由于经过矢量化处理失去了很多毛笔的笔触，于是丢掉了神韵，可以用笔刷素材去叠加或替换，还原笔触的感觉。

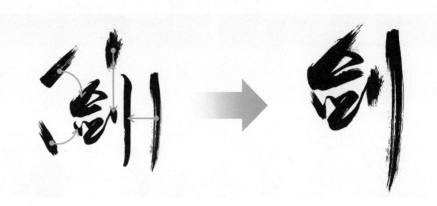

有了笔触细节，可以大大增强视觉冲击力！

❺ 文本转换

我们总以为文本就是"文字"，用来表达"内容"的，而如果打破思维惯性，用字符做"设计"，不但效果很好，操作还更简单！

比如，用文本框输入一排竖线或横线字符，通过【文本效果】→【转换】，然后在【跟随路径】中选择"圆"，即可形成环状。

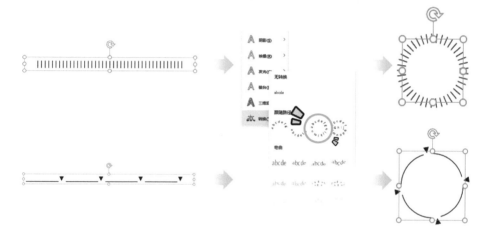

使用这个技巧，可以很方便地在 PPT 中表达"聚焦"某问题、"关注"某话题、"瞄准"某目标等含义和主题。

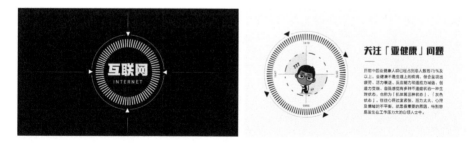

没想到吧？文本竟然还有如此神奇的用法！做出这种效果，都不用找素材，直接用一串文本就解决问题了！

而精彩，才刚刚开始！

以上，我们不过才使用了"圆"这一个功能，下面你会看到，用好"转换"的其他功能，可以快速搞定各种看起来很复杂的效果！

用文本框输入一排小横线，通过【文本效果】-【转换】-【弯曲】-【不规则圆】即可得到另外一种圆环。

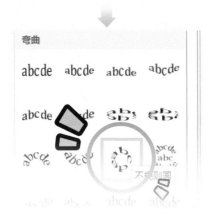

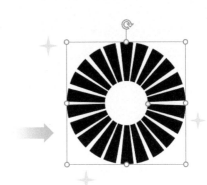

挪动文本框上的小黄点，可以调节半径，得到不同的效果。有了这一招，PPT中的放射线背景是不是就信手拈来了？

放射线背景在PPT中可以起到聚焦视线的作用，是很高频的素材，但如果用形状制作会非常烦琐，而用这种文本转换的方式，一行短线就可以完成，非常高效！

一旦这个思路打开，很多看起来复杂的 PPT，做起来就轻松多了！

没错，距离做出这种 PPT，你就差一行短线文本而已！

如果觉得整个页面有点单调，还可以搜索相关的图片，结合前面讲到的图片和文本之间的合并形状，使两者相交，可以进一步增强视觉表现力。

本节关于字体的创意玩法，你都学会了吗？
扫码即可观看作者录制的配套教学视频，
边看视频边动手练习效果更佳。

6. 在别人电脑上讲 PPT，字体丢失怎么办

制作 PPT 时，为了使效果更加出众，通常会选择使用一些特殊字体，比如书法字体、卡通字体等，但是工作中汇报演示经常需要在其他电脑上播放，系统会默认改为"宋体"，精心设计顿时化为乌有……该怎么解决这一问题呢？

方法 ❶：如果条件允许，最安全的做法就是保证更换电脑后，新电脑上安装所有 PPT 中用到的字体。如果不允许安装，可以给 PPT 文件"嵌入字体"：

【文件】-【选项】-【保存】，勾选【将字体嵌入文件】再单击【确定】按钮即可。

方法 ❷：如果想更稳妥安全，可以把文本转为形状，操作也很简单。

插入一个矩形，然后按住 Ctrl 键先单击文本框再单击形状，同时选择两个元素，再通过【格式】-【合并形状】-【剪除】，文字就变成了矢量形状，然后不论更换软件还是更换电脑，都绝不会存在字体丢失的问题。

保存字体的操作，你都学会了吗？
扫码即可观看作者录制的配套教学视频，
边看视频边动手练习效果更佳。

‹‹‹‹‹‹‹‹‹‹‹‹‹‹‹‹

字体是没问题了，那图片、图标、视频这些素材怎么办呢？

素材之快

4

FOUR

一般而言，视觉比文字表达更直观、冲击力更强，大脑处理视觉信息的速度是文字的数万倍，所以人类更容易被图片或视频吸引。

想让 PPT 更吸引观众，而且让信息更通俗易懂地传达，就必须善用视觉化素材。

关于素材，一般有 4 类常见的问题：

资源网站——哪里可以找到好的素材？有哪些必知的素材网站？

搜索技巧——如何搜索到好素材？如何用好搜索引擎？

处理使用——如何进行处理和加工，让素材更好用？

素材升维——如何用最恰当的素材去实现貌似很复杂的 PPT 制作？

资 源　　搜 索　　使 用　　升 维

学完本章，希望可以让你理解以下内容。

比起收藏各种优质的资源网站，更重要的是能构建"搜索的思维"；

比起费尽周折寻找精美的素材，更难的是处理手里"不好的素材"；

比起学各种技术去实现某效果，更巧妙的是去运用"素材的升维"。

好了，我们开始吧！

1. 有哪些必知的素材资源网站

为大家盘点一下必知的素材网站，具体网站地址可直接在搜索引擎中搜索名称。

类型	网站名称	特点
图片	Pexels	免费可商用/图片质量高/强大的筛选功能
	StockSnap	免费可商用/风格清新文艺/需要用英文搜索
	Unsplash	免费可商用/支持中英文搜索/但可下载的尺寸单一
	Pixabay	免费可商用/图片质量高/支持中英文搜索
	visualhunt	免费可商用/可以根据颜色进行搜索
	500px	全球顶尖的摄影师社区/需付费购买才可下载
	StickPNG	大量透明背景素材/可免费下载/商用需购买版权
	Pngimg	大量透明背景素材/免费可商用
	PixelSquid	大量免费可商用的透明3D素材
	Wallpapers	免费可商用/壁纸级网站
图标	阿里巴巴矢量图标库	免费下载/图标可随意修改颜色和大小
	Noun Project	素材资源丰富庞大/下载SVG格式需借用AI转换
	pictogram2	免费可商用的火柴人素材/只支持英文、日文搜索
	Iconfinder	素材资源丰富庞大/部分下载需要收费
	Instant Logo Search	高清品牌Logo下载/数量比较有限
动图	SOOGIF	动图库内容丰富/紧跟潮流
	Dribbble	素材质量高/脑洞大/只支持英文搜索
	GIPHY	全球最大的GIF搜索引擎/资源非常丰富
视频	Free Stock Video Footage	影片素材免费下载/分辨率普遍较高
	The Stocks2	免费视频网站合集/数量多质量高
	PEXELSVIDEOS	高清视频资源整合站/数量多
音乐	网易云音乐	歌曲数量多/类型丰富/很多优质合集
	5sing	伴奏资源非常丰富
	QQ音乐	资源丰富/歌曲更新快/新歌多

关注微信公众号【老秦】（ID: laoqinppt）
回复"素材"，阅读《PPT素材手册》
获取各大素材网站的使用指南

2. 有了这6招，百度也能找到好图片

纵然已经为大家罗列了很多网站，但很多人第一反应还是习惯用搜索引擎找图。

那么多网址记不住，只会用百度，能搜到好素材吗？当然能！

用搜索引擎搜到的图片好像质量都不太高？那是你没有用对方法！

用搜索引擎搜好图，有6招：加组合、用联想、换语言、做筛选、变主体、找源头！

❶ 加组合

很多人在搜索引擎中只会使用单个关键词来搜索，匹配的结果太多太杂，比如搜索关键词"乔布斯"得到的结果如下。

如果把关键词换为"乔布斯 壁纸"两个词的组合，匹配的结果就既要匹配"乔布斯"又要匹配"壁纸"，那么结果就会大不一样。

这些图片，随便拿一张都可以做成精美的 PPT！

这样做 PPT，是不是顿时轻松了很多？

瞧，还是百度图片，但用的关键词不一样，结果是不是完全不一样？

再比如，同样是关键词"人物"，在后面匹配不同的关键词组合起来，得到的结果完全不是一个画风。

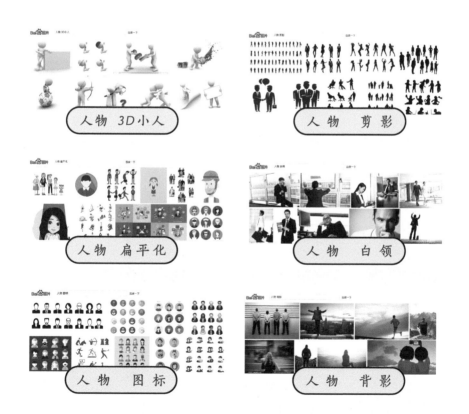

❷ 用联想

如果用某个主题关键词找不到好的图片，可以对该关键词从场景、比喻、象征物等角度出发进行头脑风暴，发散出其他关键词。

比如要表达"好奇心"，百度一下你会崩溃……我对纸尿裤并不好奇，谢谢……

对于这种比较偏抽象的关键词，最好能够联想一个比较具象的场景，搜索的效率会更高。比如搜索"小孩 放大镜"来表示"好奇"。

本质上是借用象征图片和隐性的含义链接在一起，平时要多做"译图"训练。

来，练习一下，如果要表达"迷茫"，你会用什么象征物来表达？

③ 换语言

由于用的搜索工具、关键词都差不多，所以搜出的素材很多时候同质化严重，没有新意，还容易撞车。面对这种情况，还有一个绝招：换语言。

不同的语言背后是不同的文化，有着截然不同风格的素材。

这个方法用国际化一点的搜索引擎效果会更明显，比如，以搜索引擎 Bing 为例，搜索"城市背景"这个关键词，可以得到如下结果。

如果换为同含义的"City background"，会搜索出完全不同的一批新素材。

醒醒，这都什么时代了！随便找一款翻译工具，全世界各种语言随时转换！

管它翻译的结果会不会念，直接复制粘贴不就好了！

瞧，不但搜索范围扩充了，而且不同文化的演绎，也激发了很多不一样的灵感。
语言的范围决定了你能看到世界的大小！

④ 做筛选

在搜索引擎中搜索关键词，结果是尺寸、风格、色系不一，像个大杂烩！

注意一下搜索框旁边的条件筛选功能，可以限制图片的尺寸、色系、时间等条件，比如要做全图型 PPT，需要搜索 16 ∶ 9 的高清图片，那么就可以在尺寸中自定义输入"宽 1920，高 1080"即可精准获取。

如果因为 PPT 配色的需要，必须使用红色系图片，可以直接在颜色中选择红色。

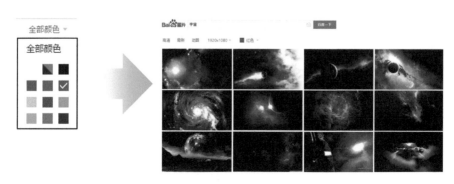

瞧，这样搜图，效率是不是高了很多？快去试试吧！

⑤ 变主体

有时候得到了一张感觉不错的素材，但是无奈尺寸特别小，一放大就模糊了……

如何找到这张图的高清大图？

这个时候要变换主体，不要用"词"搜图，而是以"图"搜图!

单击百度搜索框中的小图标，就会展开一个上传图片的入口。

上传图片后，就可以搜索到这张图片在全网的踪迹! 在【更多尺寸】中单击【尺寸从大到小】，那么排在前面的就是所有尺寸比较大的高清图片，爽不爽?

再单击【相关图片】，会找到与这张图片相关、类似的图片资源，爽不爽?

发现没有，你不仅仅是 PPT 不太会用，可能百度用得也一般……

⑥ 找源头

有些图片类型，百度搜索找精致的图片实在太难，比如……

用这种图做出来的 PPT，只能是这样……

安全系列讲座
家用电源安全培训

主讲人 秦阳

辣眼睛……

这个时候应该怎么办呢？分享一个绝妙的技巧：不要直接百度这些产品名称，而是先百度找一下该产品相关知名品牌的官网或电商旗舰店！

要相信，为了卖货，卖家们能把任何产品拍得要多美有多美！

比如，百度搜了一下，发现小米的插线板相关内容不少，于是，百度"小米官网"，进小米官网搜索关键词。来看看搜到的图是什么水准。

用这样的图做 PPT，还怕不好看？

但是经常还会遇到一种很棘手的情况，在官网上看到了好的图片，右键单击图片却无法另存，而且图片上还有文字……

这种情况该怎么处理呢？——按快捷键【F12】，调出开发者工具，会看到很多代码，不用管看不看得懂，找到【Application】—【Frames】-【top】—【Images】，会找到这个网页上所有的图片，而且都是高清原尺寸！

然后在图片上单击右键即可直接轻松保存后做成 PPT 了!

也就是说,各大官网也是被我们一直忽视的图片宝藏库!

这样就可以去各种官网上淘图了!

但注意通过这种方法拿到的官网图片可以个人试玩或内部使用,不能商用!

图片搜好了,那具体怎么在PPT中使用呢?

3. 教你 6 招用好图片，做 PPT 事半功倍

如果能将图片用好，做 PPT 可以很轻松！不信？来看看这 6 招。

❶ 抠图处理

如果图片的背景色是纯色，选中图片直接通过【图片格式】-【颜色】-【透明色】，然后单击图片的背景，即可一键去除。

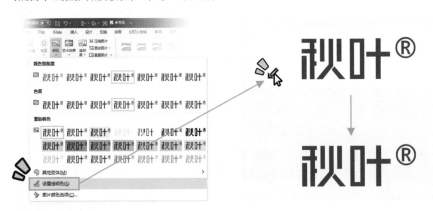

如果图片的背景色是非纯色，选中图片，【图片格式】-【删除背景】，玫红色区域表示的是要"删除的部分"，没有变色的地方表示"保留的部分"，并支持手动选择"删除"和"保留"的部分，实现复杂的抠图。

对于抠图的操作，你看明白了吗？
扫码即可观看作者录制的配套教学视频，
边看视频边动手练习，效果更佳。

❷ 文置入图

比如我们在 PPT 结束的时候经常要放上演示者的联系方式，就像下面这样。

感 谢 聆 听 ！
THANK YOU FOR LISTENING

（联 系 方 式）

微　博：秦阳
公众号：老秦
邮　箱：laoqinppt@163.com

- **排版页面较平**

- **商务气质不足**

- **信息不够聚焦**

如何快速而有效地解决这 3 个问题呢？结合上一节的方法，用"手拿卡片"这样的关键词搜索，可以得到这类的素材。

将文本框放置到空白卡片的位置，于是这一页就可以改成下面这样。

- 图片撑满页面后视觉冲击力强了很多，而且实物图增强了真实的场景感。

- 图片主体是一个商务人士，所以商务气质增强不少。

- 图片最聚焦的地方就是卡片，将核心信息放在卡片上，使信息成为视觉中心。

这样修改之后，图文合一，是不是很好地解决了问题？而且操作简单，只需用文本框输入文字，放置在图中卡片的位置即可。但图片中经常有透视角度……

选中文本框，在【三维旋转】中选择【透视：宽松】，文字就"倒下"了。

选中文本后单击鼠标右键，选择【设置形状格式】-【文本选项】-【三维旋转】调整三维参数。

效果很棒但好像感觉少了点什么？给画面添加一个人物是不是就不一样了？

而且，即便是同样的文字，添加不同的角色，就可以诉说出完全不同的故事，比如刚才这张 PPT 给人的感觉是一个职场人要开启新的职业生涯，如果换成其他的角色，就完全是另外的画风了。

过去我一心埋头于事业
今年，我想回归家庭

通往伟大的路上，风景有时候差得让人
只想说脏话，但创业者在意的，是远方

如果"路况"不同，还可以在演示时表达完全不同的内涵。

他们都说2020是行业寒冬
但我们已经找到了一条自己的路

在线教育这条漫漫长路
已经看到了属于我们的曙光

有了这种方法，结合图片中的墙、路、楼等不同的空间场景，都可以图文合一。

❸ 添加遮罩

很多时候图片中没有很好地留白，文字不论深色浅色，放上去都看不清，怎么办？

很简单，在图片和文本之间，叠加一层半透明色块即可，形状可以任意选择。

也可以直接叠加一层撑满页面的半透明色块或渐变色块。

这种做法不仅可以凸显文字，还能改善图片带给人的"感受"。

比如这张城市图片，质量上不够清晰，风格上又昏暗无光，感受不到蓬勃朝气，根本无法匹配"飞速发展"这样的正向感受。

而如果叠加一层渐变的半透明色块遮罩，整个页面的气色顿时就不一样了！

对于添加蒙版遮罩的技巧学会了吗？
扫码即可观看作者录制的配套教学视频，
边看视频边动手练习效果更佳。

❹ 艺术效果

PPT 中的【艺术效果】一直都是个很不受待见的存在，因为很多人觉得处理出来的效果没有实际用途。其实艺术效果用好了，也是个秘密武器！

比如这两页 PPT 的封面，背景图片过于抢眼，已经看不清标题文字。

如何才能不改变版式和素材，改善目前的情况呢？

很简单，选中图片，通过【图片格式】-【艺术效果】-【铅笔素描】，可以快速将风景图处理成铅笔画的效果。

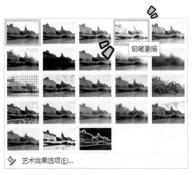

可以调节处理之后图片的透明度或叠加一层半透明白色遮罩，经过这样的处理之后既保留了欧洲元素，又不喧宾夺主。

可以看到，PPT 的"艺术效果"有点像很多图片处理软件的"滤镜"特效，可以一键将图片处理得到特殊的效果，比如这个【图样】效果。

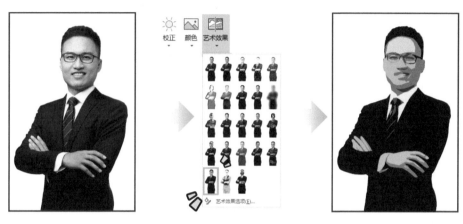

有了这个图片效果，就可以做出一些与众不同的 PPT，比如这样的人物介绍。

在一些特殊的场合下，这类风格的 PPT 能起到抓眼球、体现个性、让观众印象深刻的作用，尤其受一些思维活跃的年轻人喜欢。

"艺术效果"下一共有 23 种效果，各有特点，此处不做逐一介绍，各位读者可以自行探索，也欢迎你将你研究出的效果加话题 # 工作型 PPT# 发微博与大家一起分享。

⑤ 花式裁剪

由于思维惯性的原因,大家在使用图片素材时经常只能将视角放在这一张图上,其实稍加裁剪,你会发现你手里拿的,其实并非仅仅只是一张图!

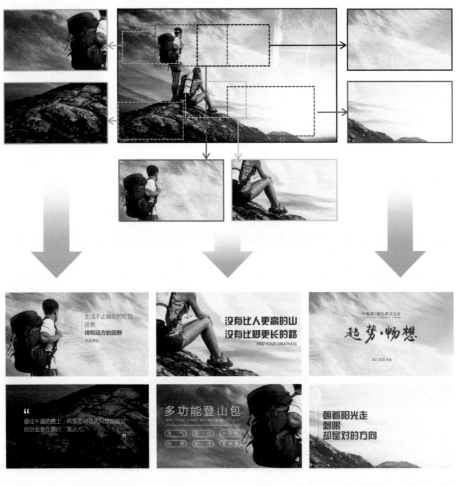

没错,将一张图中裁剪出不同的区域,就可以做出完全不同的 PPT,而且一张图中元素变化越多,提取的角度也就更多,风格也会更多变,应用的领域也会更广泛。当然,此时这张"母图"要足够高清,另外你心中也要有谱,你知道自己要什么,这样才能从一张大图中看到多种可能性,这是长期积累形成的直觉。

所以一张图真正要表达什么重点,不是图片本身表达出来的,而是通过你对图片的强调表达出来的,一张图可以表达出完全不同的主题。

比如这张人物素材，把不同的局部裁剪出来，做出的 PPT 的重心就完全不同！

战略总监？卖衣服的？卖手表的？卖鞋的？……你说了算！

裁剪只能裁剪成"矩形"吗？——当然不是！图片还可以裁剪为特殊的形状，

还能大大提升 PPT 的设计感！

比如用最短时间、最少操作来大幅度提升这张 PPT 的设计感，怎么做？

答案是：改变图片的形状。

选中图片，在【裁剪】-【裁剪为形状】中选择圆形，【纵横比】选择 1:1。

就这样一个简单的修改，你会发现页面上人物更加聚焦，整个页面留出来的空间更多，整体的设计感也增强不少。

裁剪的形状当然不止圆形一种，还可以是三角形、梯形、平行四边形……

比如下面这张 PPT，中规中矩的图片放在页面上看起来很平淡？该如何改进呢？

仅仅将图片裁剪一下，整个页面的感觉是不是立即不一样了？

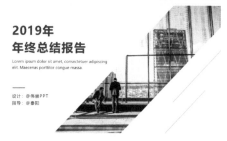

对于"图片裁剪"相关的操作没有看明白？
扫码即可观看作者录制的配套教学视频，
边看视频边动手练习效果更佳。

❻ 局部放大

上一节中用一张图片做出了很多张完全不同的 PPT，但是对于原图的质量要求比较高，既要高清又要兼顾美感，但我们实际用到的图，情况往往比较复杂，很多图片放到 PPT 上显得非常平淡，比如说下面这个篮球。

难道只能换素材了吗？完全不用！试着将素材进行局部裁剪。

就这样简单一步，是不是化腐朽为神奇，立即变得不一样了？

再换个地方裁剪，效果也不错。

再比如下面这张 PPT，直接使用完整图片，中规中矩，但细节太完整，这么多硬币，这么可爱的小猪储蓄罐，反而分散了页面上的注意力。所以干脆直接利用"裁剪"功能截取一小部分并放大。

对比一下，是不是马上不一样了？！

你应该已经找到规律了，从一张图中截取一个局部区域进行放大，从而可以改变视觉焦点，引导视线，强调产品或主题独特之处，形成更强的视觉冲击力。

抓住一个局部加以放大，对图片进行了二次构图，不但可以起到聚焦强调的作用，还营造出更深层次的意境，提供了广阔的想象空间。

这样简单一招，对于一张 PPT 的构图来说几乎是整容般的变化。

这种放大局部的技巧，甚至经常还能掩盖原图本身的缺陷。再来看个案例。

怎么样，是不是感觉 PPT 做得很傻气？

很多人觉得是一寸照的问题，但如果手头真的只有这一张一寸照片怎么办？

老办法，裁剪呗……

不得不服：真是整容般的 PPT 技巧啊……学好 PPT，化腐朽为神奇！

这不，有一次，我想做一张我的另一本著作《社群营销》相关的 PPT。

于是就找了个朋友帮我拍了一张拿着书的美照，然后用裁剪大法，突出重点，放大细节，加强冲击力，做成了这样一张 PPT，完美！

后来，我就被这位姑娘拉黑了……

素材还有什么更高级的玩法吗？

4. 升级"素材思维",做出炫酷 PPT 很简单

你觉得做出满足领导要求的这个 PPT 需要多长时间?

某高校要筹备一年一度的文艺演出晚会,校领导希望晚会屏幕上的 PPT 能有一个炫酷大气的动画开场,还要配上音乐,第二天就要用!

是不是觉得很难?而如果想高效解决这个挑战,你可以思考这样一个问题:

领导到底要的是一个"动态炫酷的开场",还是真的要一个"用动画做的开场"?

这两个有差别吗?——当然有!

因为"动态炫酷的开场"不一定是 PPT 动画,也可能是视频和动图!

这个就是素材思维升级,用高维打低维。

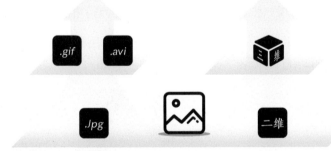

在领导的眼里,他以为在 PPT 上有动态的特效就是动画,但你不能受这个预设的影响。领导才不管你是怎么做出来的,他的要求是"动起来"!

一旦把这个本质搞清楚,这个问题就好办了,甚至可能一分钟就可以结束战斗。

为了让大家更清晰地理解这个原理,请扫码观看作者录制的配套教学视频,学习如何一分钟搞定炫酷开场动画!

配色之快

WORK TYPE PPT

FIVE

5

配色是设计中难度比较高的一个技能，如果没经过专业的训练，完全用"凭感觉"的配色经常是一场灾难，一不小心就配成一团糟。

但如果你想掌握"专业配色"……

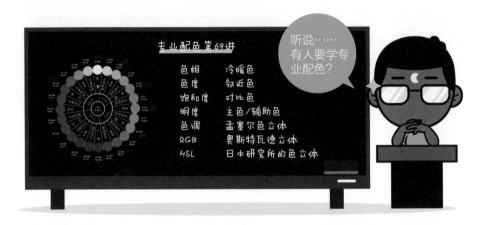

对于工作型 PPT 来说，真的要学这么多吗？有必要如此深入学设计吗？

当然不用，对于普通职场人来说，做日常的工作型 PPT 只需做到下面的"三不"。

所以，面对大家一直头疼的配色，本章我们将教大家用下面的方法来解决。

- 1 个标准，让领导同事不敢说你配色丑！——不犯错

- 3 个技巧，让配色看起来有丰富层次感！——不单调

- 4 个利器，让新手也能做出好看的配色！——不害怕

1. 1 个标准，让领导同事不敢说你配色丑

Logo 是一家企业综合信息传递的媒介，在企业形象传递过程中，出现频率最高，同时也是最关键的元素，所以也是设计 PPT 时的第一参照对象。

而人们对于品牌的快速印象有 90% 来自于其色彩，所以 Logo 色是在人们心中构建品牌辨识度的第一步。我们来做个试验。

下面这一页 PPT，你觉得是哪一家银行的？

但 PPT 上并没有任何建行的信息，你是如何做出判断的？这就是颜色的威力。

色彩信息传递的速度非常快，在进入眼球的瞬间即可在人的大脑中形成一种印象，在信息的传递和识别上，要快于图像和文字。

那为什么说 Logo 配色最安全呢？

因为有公司当后盾，当有人质疑你的配色时，就可以大胆回复他……

不敢
不敢

66

我从公司Logo上取的颜色，
你说我PPT颜色丑，也就是
说你觉得公司Logo丑？

99

所以 Logo 配色法，核心思路就是：配色与 Logo 保持一致，提升页面上 Logo 色的存在感，延续品牌形象。

如何让配色和Logo一模一样？很简单，在填充颜色时，选择"取色器"并在 Logo 上单击一下，就可以取到一模一样的颜色。

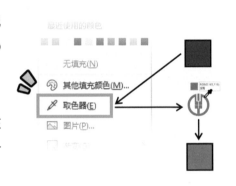

所以当你在网上下载了一份 PPT 模板，但是颜色调性不符，就可以用这种方式去修改配色，进行改造，顿时就拥有了专属 PPT 模板！

但是，如果没有现成的模板可以改造怎么办？

不妨来一个大胆的设想：如果我们用 Logo 色的形状作为"容器"，承载 PPT 上页面的元素，是不是就可以得出一套万能的版式？

我们以一张企业介绍 PPT 的图文排版为例。

下面这一页 *PPT，你觉得版式乱不乱？*

中国平安简介

中国平安保险（集团）股份有限公司于1988年诞生于深圳蛇口，是中国第一家股份制保险企业，至今已经发展成为金融保险、银行、投资等金融业务为一体的整合、紧密、多元的综合金融服务集团。中国平安对客户的承诺是：服务至上，诚信保障。

中国平安自成立以来，始终将"诚信"作为企业文化的根基，同时，以"专业"为纽带，可持续地为股东、客户、员工和社会创造最大化价值，切实履行企业公民责任。从企业人格化的角度，结合平安的企业文化内涵、行业特征以及多年的实践，中国平安的"企业文化体系"正日趋完善。

如果没学过版式原理，可能很难做出准确分析，我们很容易被页面上的图片、字体、标题、内容等各种元素分散注意力。所以最好的办法就是盖住它们，眼不见心不烦！

给所有内容盖一层色块，可以简单粗暴地把这些色块理解为"版"。

单纯看这些色块，可以明显看出"很乱"，将这 3 个色块排得整齐一些。

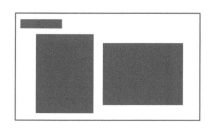

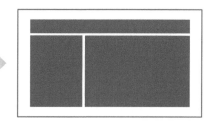

既然"版"已经排好了,我们只需把每一个色块所代表的内容放回去。

这是一个"版"纳百川的容器,不仅仅能"装"文字,还可以是图表、视频。

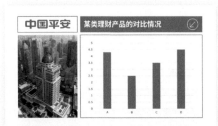 

但总用这一个版式,是不是有点单调?再想一想,这个排列方式是"唯一解"吗?
更换位置、大小、形状、数量……各种排列组合会出现千变万化的版式!

更改色块的排列位置

更改色块的大小&长度

更 改 色 块 的 形 状

更 改 色 块 的 数 量

怎么样，是不是感觉脑洞大开？现在还担心做 PPT 没有 "版式" 吗？

为了让大家更清晰地理解这个版式原理，
请扫码观看作者录制的配套教学视频。
学习如何做出千变万化的版式！

《《《《《《《《《《《《《

但是整个 PPT 全是同一个颜色，会不会显得过于单调？

2. 3个技巧，让配色看起来有丰富层次感

PPT 通篇都是一个颜色，将会导致页面颜色单调乏味。

如何让页面的颜色看起来有丰富的层次感呢？本节教你 3 种方法。

❶ 半透明叠加法

给吸取 Logo 色的形状设置半透明度，交叠之后形成深浅相间的效果。

比如插入最简单的圆形来制作。

这样就可以快速获得与 Logo 同色系但有深有浅的配色效果，使页面不再单调。

中国平安公司简介

PING AN INSURANCE (GROUP) COMPANY OF CHINA . LTD

中国平安保险（集团）股份有限公司于1988年诞生于深圳蛇口，是中国第一家股份
制保险企业，至今已经发展成为金融保险、银行、投资等金融业务为一体的整合、紧
密、多元的综合金融服务集团。中国平安对客户的承诺是：服务至上，诚信保障。

中国平安自成立以来，始终将「诚信」作为企业文化的根基，同时，以「专业」为纽
带，可持续地为股东、客户、员工和社会创造最大化价值，切实履行企业公民责任。
从企业人格化的角度，结合平安的企业文化内涵、行业特征以及多年的实践，中国平
安的「企业文化体系」正日趋完善。

形状越复杂，半透明叠加形成的效果越多样，不会显得过于中规中矩，比如通
过"编辑顶点"可以制作出不规则的形状。

如果直接单色使用，纵然相比矩形、圆形已经多了一些设计感，但是单调的颜色看起来很乏味，所以可以将这个形状再复制一个出来，将两个形状错位叠加，填充 Logo 色并调节成 30% 的透明度，就可以交错出不同的结果。

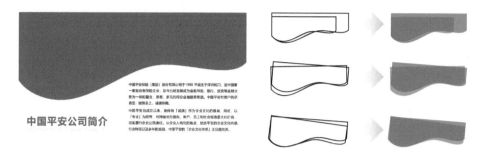

瞧，这样简单的一个调节，是不是让页面顿时增添了动感？

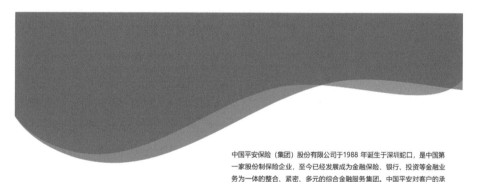

中国平安保险（集团）股份有限公司于1988 年诞生于深圳蛇口，是中国第一家股份制保险企业，至今已经发展成为金融保险、银行、投资等金融业务为一体的整合、紧密、多元的综合金融服务集团。中国平安对客户的承诺是：服务至上，诚信保障。

中国平安自成立以来，始终将「诚信」作为企业文化的根基，同时，以「专业」为纽带，可持续地为股东、客户、员工和社会创造最大化价值，切实履行企业公民责任。从企业人格化的角度，结合平安的企业文化内涵、行业特征以及多年的实践，中国平安的「企业文化体系」正日趋完善。

中国平安公司简介

简单吧？是不是简单又有效？赶紧动手试试！

❷ 渐变色法

渐变色比单色更加有趣，并且充满活力，能迅速提升设计感，经常能在很多企业、机构、品牌的官网上看到渐变色的运用。

360浏览器官网

vivo官网

如果借鉴这种网页设计，直接给PPT设置全屏渐变背景，颜色的层次感是增强了，但对于一个阅读型的PPT来说，色块面积太大，给人的感觉有点过满、压抑，而且对投影设备、现场光线要求比较高，在实际演示中存在风险。

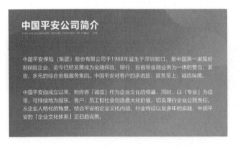

黑白灰都属于无彩色，是中性的颜色，增加白色能让画面更具有透气感，将满屏大面积渐变色减少一些，在文字上衬一个白色色块，可以让PPT更有呼吸感。

❸ 图片结合法

图片的视觉引入，不但可以增强画面的丰富度，而且图片本身也有丰富的色彩变化，搭配合适的图片，可以使整个页面产生"1+1>2"的效果。

如果担心图片会过于抢眼，削弱对文字的注意力，可以给图片再添加一层 Logo 色的半透明色块，既可以不让图片过于突出，也可以不让色块太单调，一举两得。

本节的 3 个让配色更有层次感的方法，你都会了吗？

如果对于具体的操作还有疑问，
请扫码观看作者录制的配套教学视频，
学习本节 3 个方法的实操演示。

扫它！

3.　4 个利器，让新手也能做出好看的配色

其实配色不仅是 PPT 设计中的难题，也是整个平面设计领域中普遍的难题。

对此，市面上也有很多的配色工具，这里向大家推荐 4 款，亲测好用。

❶ PPT 主题色

我们之所以要对 PPT 修改配色，因为总觉得 PPT"自带"的配色很丑。

平心而论……确实不太好看……

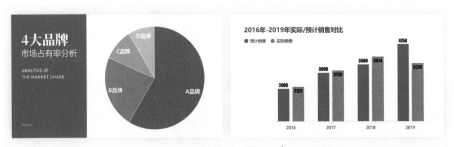

P P T 默 认 主 题 配 色

但是要注意，这套配色确实是 PPT 自带配色，但不是"唯一"，而是多种主题
配色中的一种。通过【设计】-【变体】-【颜色】，可以看到其他主题配色方案。

来看一下选择了其他主题配色方案之后，PPT 的配色效果。

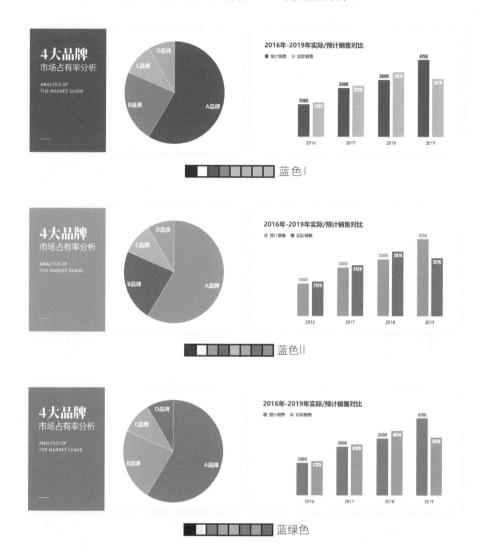

这几种蓝色系的主题色，是不是非常适合制作商务风的 PPT？

其他的主题色系可以自行尝试和选用。用这种配色方法，有两个很大的好处：

第一，由于是软件自带，所以不受网络、工具、素材的限制，在软件中即可完成；

第二，一旦用了主题色作为 PPT 配色方案，当需要对 PPT 整体进行换色的时候，可以一键单击完成，大大提升效率。

更赞的是，你还可以单击"自定义颜色"，这样就可以设置默认色为 Logo 颜色或你喜欢的配色为主题配色方案。

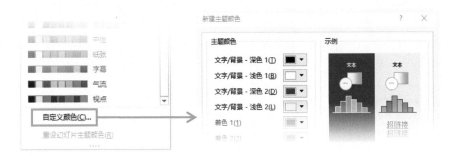

经过这样的设置，当再插入形状或图表时就会默认是你所设置的颜色，而不是系统默认的蓝色，减少了反复更换颜色的时间。

对于设置主题色，看明白了吗？
扫码即可观看作者录制的配套教学视频，边看视频边动手练习效果更佳。

❷ iSlide 色彩库

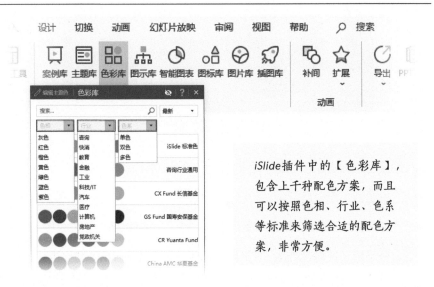

iSlide 插件中的【色彩库】，包含上千种配色方案，而且可以按照色相、行业、色系等标准来筛选合适的配色方案，非常方便。

❸ ColorSupply：一键生成扁平化设计配色方案

ColorSupply 收集了世界各地知名设计师的色彩搭配方案，只要改变配色方案，整个网站就能实时预览，所见即所得，非常方便！

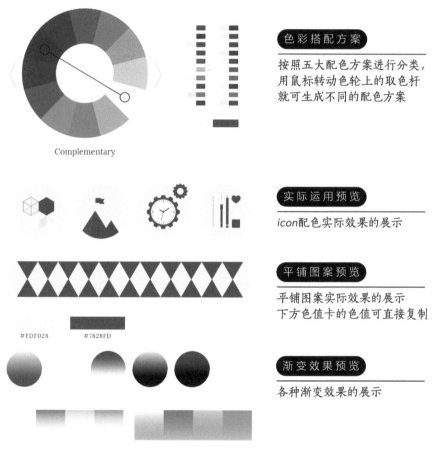

Complementary

色彩搭配方案

按照五大配色方案进行分类，用鼠标转动色轮上的取色杆就可生成不同的配色方案

实际运用预览

icon配色实际效果的展示

平铺图案预览

平铺图案实际效果的展示
下方色值卡的色值可直接复制

#FDF028　　#7828FD

渐变效果预览

各种渐变效果的展示

在色轮右边有一组色卡，部分有小绿点，打开就可看到作者信息，进一步打开就能看到作者的个人主页和作品展示。

此网站不需要注册，上手快，效果直观，非常方便。

快上车！

❹ webgradients：上百种现成的渐变色配色方案

渐变色比单色更加有趣，并且充满活力，能迅速提升设计感，时尚的配色又能引来年轻人的喜爱，所以越来越多的 PPT 设计用渐变色营造年轻、青春的气息。

而如果没有任何设计基础的新手，如何调出漂亮的渐变色呢？

推荐 webgradients，该网站提供了上百种现成的渐变色配色方案，每个方案的左下角有色号参考，或者也可以单击右上角的下载按钮直接获取渐变图片。

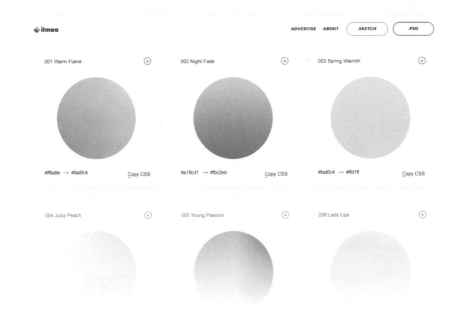

如果你还想更省事，我也给你准备了一份配色宝典。

关注微信公众号【老秦】（ID：laoqinppt）
回复关键词"配色"阅读《PPT 配色手册》
获取各种配色方案和工具介绍

新手一怕配色二怕动画，现在配色是有招了，那动画呢？

WORK TYPE PPT

动画之快

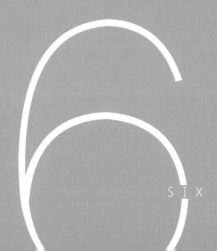

SIX

PPT 从头到尾都是静态难免显得单调，所以演示需要一点动感，让 PPT 动起来！

给 PPT 添加的动画，有两大种类——

不过，动画虽然炫酷，想要做得好，对于大多数职场人来说还是有门槛的，动画窗格、效果选项、触发、计时、延迟……各种概念和琐碎的操作，一本书都不一定讲得完，况且职场人也没有那么多的时间倒腾动画。所以本章的核心不是要让大家成为"做动画"的高手，而是成为"用动画"的高手。

除了学"加"动画，还要学"删"动画。

什么？辛辛苦苦做的动画，为啥要全删掉？原因五花八门——演示现场的电脑太卡了，播放时动画太卡，不得不选择删除；临场时发言时间有变，动画太耽误时间；做好了动画或下载的 PPT 模板自带动画，但领导不喜欢……这个时候，怎么删？一页一页地删除吗？当然不用，也是有诀窍的。

综上，本章我们就来解决"快速搞定"PPT 动画的以下 3 大问题。

1. 有了这 4 招，新手也能做出炫酷 PPT 动画

零基础的新手想要快速做出动画，一般有两条路：

第一，拿来主义，在现成的动画作品上修改，快速"偷"动画；

第二，借助外挂，用动画插件实现便捷制作，快速"做"动画。

具体怎么做？看本节教你 4 招。

❶ 动画刷

选择包含动画的对象，然后通过【动画】–【动画刷】，再用动画刷去单击其他
对象，就可以将该动画原封不动地复制过来！

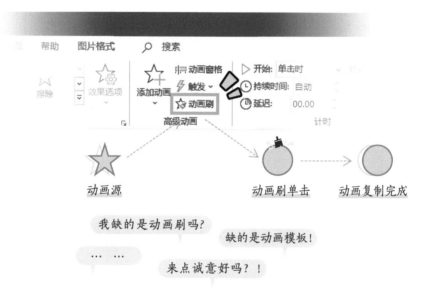

诚意来了！关注微信公众号【老秦】
回复关键词"动画"获取《PPT 动画手册》
上百个动画源文件，随时套用！

❷ 更改图片

如果图片带有动画，不论动画多么复杂，你只需选中图片并单击鼠标右键，然后选择【更改图片】，替换成你自己的图片，但所有的动画效果都是保留的！

❸ 动画插件

以上两种方法的前提是向现成的作品"借"动画，如果新手想从无到有做出复杂的动画效果，就必须借助 PPT 外挂了！

目前市面上有多款 PPT 插件，其中有一款致力于简化 PPT 动画设计过程的 PPT 插件叫"口袋动画"，可以大大提高 PPT 动画的制作效率。

口袋动画涵盖了片头、片尾、转场、图表、学科动画、智能动画、进度加载等多场景动画，还有各种组合、单一动画，仅需一键下载，即可替换元素，制作出炫酷的动画效果。

而且口袋动画还支持"录制动画"的功能，通过简单的录制即可完成复杂的动画，让新手也能轻松玩转 PPT 动画创作！

❹ 平滑切换

在 PPT 中还有一个重要的动画类型叫作"切换动画"。

只要在相邻两页 PPT 中给后者添加"切换"效果，即可一键实现炫酷的特效！

比如添加"涡流"切换效果，就可以出现这种把画面"打碎"的特效。

而在 Office 365 和 Office 2019 版本中，新增了一个新的切换效果，叫"平滑"。

当两页相邻的 PPT 之间有共同元素时，将第二页 PPT 的切换动画设为平滑，PowerPoint 可以自动将两页 PPT 无缝连接起来，完成两页 PPT 的平滑过渡。

简而言之，做好"开始"和"结束"，中间顺滑变化过程的事儿，交给 PPT！

有了这个功能，就可以非常便捷地实现主体变换、细节放大、不同角度变化等效果。

为了更直观地理解"平滑"的强大，具体的动画效果和操作，请观看本节配套视频。

这 4 个快速制作 PPT 动画的操作没有看明白？
扫码即可观看作者录制的配套教学视频，
边看视频边动手练习效果更佳。

切换效果那么多，除了"平滑"，其他的效果应该怎么使用？

2. 你肯定想不到，动画还可以这样玩

PPT 切换效果多达 48 种，很多炫酷炸裂的特效动画，一旦入坑就容易滥用！

但一定要注意：不能为了特效而特效，而是要选择与内容表达"匹配"的特效。

什么叫"匹配"？比如做了一个活动方案，在封面页前加一个纯红色底的页面，然后给这两页之间加一个"帘式"切换。

于是就轻松实现"舞台拉开大幕"的动画，表达"全新的活动正式拉开序幕"。

发布新产品的时候，用"上拉帷幕"的切换效果揭开新产品的神秘面纱。

新的里程碑、新的作品、新的 Logo、新的大楼……是不是都可以用这个效果？

讲述个人故事的时候，用"折断"的切换效果表达被现实打碎的心。

碎爱情、碎时间、碎梦想、碎节操……还有什么不能碎的？

以上这几个切换效果，需要使用 PowerPoint 2013 及以上版本才可以。

最后，再给你开个脑洞：截图！

在 PPT 播放时，两页切换过程中调用截图工具进行截图并保存，就可以自造
炫酷素材，做出创意满满的 PPT！

关注微信公众号【老秦】（ID：laoqinppt）
回复关键词"切换"
看更多关于切换动画的玩法

3. 还在一页页删 PPT 动画? 2 招即可一键清除

一页页删除动画太烦琐? 教大家两招偷懒技巧, 轻松实现一键清除 PPT 动画!

❶ 设置幻灯片放映方式

可以不删除 PPT 动画, 而是设置在 PPT 放映时不出现动画效果即可。这样还有一个好处, 如果后来改主意了, 又需要把所有的动画加回来, 那取消勾选即可瞬间恢复。

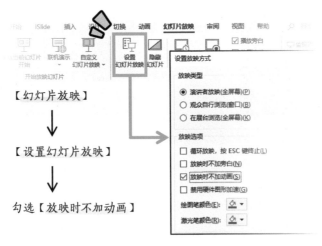

【幻灯片放映】
↓
【设置幻灯片放映】
↓
勾选【放映时不加动画】

❷ 借助插件清除

如果需要彻底删除 PPT 中的动画效果, 可以借助插件实现一键清除, 简单又方便!

到目前为止都主要集中在设计制作上, 该聊聊内容了吧?

图表之快

WORK TYPE PPT

SEVEN 7

说到"内容"，首先最常见的就是数据了。所以，是时候让图表登场了！

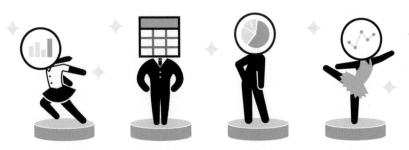

而一说到工作中的图表难题，很多人都是一肚子苦水：

- PPT 有大量表格，被领导批评太丑，有救吗？
- 数据都在 Excel 中，却要用 PPT 汇报，好折腾！
- 领导总是要看最新的数据，每次汇报都要重新手动调整 PPT，好烦啊！
- 图表种类那么多，每次都不知道该用哪个，怎么解决？
- 明明用了很多数据，还是无法说服领导给预算，这是怎么回事？
- 同事的工作汇报获得了领导表扬，但我感觉他明明业绩一般，有什么玄机？
- 领导总说我的图表没新意，请问图表要什么新意？

本章就来解决关于图表的这 6 大难题，搞定图表！

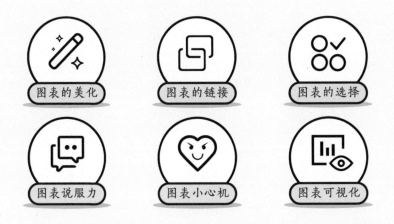

1. 表格怎么做才好看？这里有 4 个思路

工作型 PPT 中，表格、图表的使用非常高频，本节就先来解决关于美化的问题。

❶ 基础美化法

日常工作中的表格，最常见的就是类似下面这种超多数据汇总的表格。

几款国产手机的参数对比

对比项	华为 P30 Pro	华为 P30	华为 Mate 20X	OPPO Reno	红米 K20 Pro
上市时间	2019年4月	2019年7月	2019年7月	2019年6月	2019年5月
运行内存	8GB	8GB	8GB	6GB	8GB
机身重量	192g	165g	233g	185g	191g
电池额定容量	4100mAh	3550mAh	4100mAh	3680mAh	3900mAh
分辨率	FHD+ 2340*1080 像素	FHD+ 2340*1080 像素	FHD+1080*2244 像素	2340*1080	2340*1080 FHD+
后摄的主摄像素	4000万像素	4000万像素	4000万像素	4800万像素	4800万像素
机身厚度	8.41mm	7.57mm	8.38mm	9.0mm	8.8mm

还有救不？

要美化表格，先完成以下 4 项最基本的设置。

- **信息精简**：将数据的单位提取到行标题中，缩减数据体量，突出重点信息
- **重点突出**：突出标题行及表格中重要的数据
- **对齐方式**：数据不要折行，尽量一行显示，调整单元格中内容的对齐方式
- **行高列宽**：设置表格宽高，并通过"分布行 / 列"使单元格行高列宽一致

对齐方式和行高列宽的调整，可以选中表格，在【表格工具 – 布局】中使用"对齐方式"和"分布行 / 列"分别进行设置。

文字方向　单元格边距

分布行
分布列

对齐方式　　　　　　　　　　　单元格大小

在【对齐方式】中双向居中对齐
使文本置于每个单元格的中心

在【单元格大小】中分布行/列
来统一各单元格的大小

经过这 4 步基本设置，可以实现表格的初步美化。

》 几款国产手机的参数对比 《

对比项	华为 P30 Pro	华为 P30	华为 Mate 20X	OPPO Reno	红米 K20 Pro
上市时间	2019年4月	2019年7月	2019年7月	2019年6月	2019年5月
运行内存	8GB	8GB	8GB	6GB	8GB
机身重量（g）	192	165	233	185	191
电池额定容量（mAh）	4100	3550	4100	3680	3900
分辨率（像素）	2340*1080	2340*1080	1080*2244	2340*1080	2340*1080
后摄的主摄像素（像素）	4000万	4000万	4000万	4800万	4800万
机身厚度（mm）	8.41	7.57	8.38	9.0	8.8

不过以上方法要根据表格的具体情况灵活变化，比如单元格中有大段文字，就不适合左右居中，而应该选左对齐才会更便于阅读。

❷ 三线表美化法

如果想进一步美化，还有哪些设计思路呢？

在很多发布会 PPT 的表格中，经常有一种表格处理方法，就是弱化内部框线，强化上下框线，打破单元格的束缚，这可以通过设置【框线】来实现。

小 米 发 布 会

锤 子 发 布 会

将表格去掉"内部竖框线",并将"内部横框线"设置为浅灰色,然后通过"上框线""下框线"将顶线、底线和栏目线设置为加粗、蓝色,得到"三线表"。

» 几款国产手机的参数对比 «

对比项	华为 P30 Pro	华为 P30	华为 Mate 20X	OPPO Reno	红米 K20 Pro
上市时间	2019年4月	2019年7月	2019年7月	2019年6月	2019年5月
运行内存	8GB	8GB	8GB	6GB	8GB
机身重量（g）	192	165	233	185	191
电池额定容量（mAh）	4100	3550	4100	3680	3900
分辨率（像素）	2340*1080	2340*1080	1080*2244	2340*1080	2340*1080
后摄的主摄像素（像素）	4000万	4000万	4000万	4800万	4800万
机身厚度（mm）	8.41	7.57	8.38	9.0	8.8

这种表格形式简洁,功能分明,阅读方便,所以经常在工作型 PPT 中使用。

那如果想让表格再有一些层次,还可以怎么做呢?

❸ 覆盖叠加法

如果想增强设计感，将表头设置为无填充，然后在下方衬一个圆角矩形。

» 几款国产手机的参数对比 «

对比项	华为 P30 Pro	华为 P30	华为 Mate 20X	OPPO Reno	红米 K20 Pro
上市时间	2019年4月	2019年7月	2019年7月	2019年6月	2019年5月
运行内存	8GB	8GB	8GB	6GB	8GB
机身重量（g）	192	165	233	185	191
电池额定容量（mAh）	4100	3550	4100	3680	3900
分辨率（像素）	2340*1080	2340*1080	1080*2244	2340*1080	2340*1080
后摄的主摄像素（像素）	4000万	4000万	4000万	4800万	4800万
机身厚度（mm）	8.41	7.57	8.38	9.0	8.8

如果想强调某一列，还可以直接选中该列表格，复制粘贴，填充颜色后覆盖。

» 几款国产手机的参数对比 «

对比项	华为 P30 Pro	华为 P30	华为 Mate 20X	OPPO Reno	红米 K20 Pro
上市时间	2019年4月	2019年7月	2019年7月	2019年6月	2019年5月
运行内存	8GB	8GB	8GB	6GB	8GB
机身重量（g）	192	165	233	185	191
电池额定容量（mAh）	4100	3550	4100	3680	3900
分辨率（像素）	2340*1080	2340*1080	1080*2244	2340*1080	2340*1080
后摄的主摄像素（像素）	4000万	4000万	4000万	4800万	4800万
机身厚度（mm）	8.41	7.57	8.38	9.0	8.8

❹ 图片美化法

如果还想让页面更丰富一些，可以结合表格的内容添加配图。

对于非常大的表格，页面上已经没有多余的空间再放图片，此时可以给图片加一层半透明色块并置于表格下方衬底。

» 几款国产手机的参数对比 «

对比项	华为 P30 Pro	华为 P30	华为 Mate 20X	OPPO Reno	红米 K20 Pro
上市时间	2019年4月	2019年7月	2019年7月	2019年6月	2019年5月
运行内存	8GB	8GB	8GB	6GB	8GB
机身重量（g）	192	165	233	185	191
电池额定容量（mAh）	4100	3550	4100	3680	3900
分辨率（像素）	2340*1080	2340*1080	1080*2244	2340*1080	2340*1080
后摄的主摄像素（像素）	4000万	4000万	4000万	4800万	4800万
机身厚度（mm）	8.41	7.57	8.38	9.0	8.8

关于表格的美化，你学会了吗？本节讲述的美化方法，没有过于复杂的设计，主要是经过一些简单的调整，让表格看起来简洁清爽、有重点、有层次。

如果还有不太明白的地方，快来看配套视频！

关于本节讲到的表格美化方法，
可以扫码观看作者录制的配套教学视频，
边看视频边动手练习效果更佳。

但我工作中的数据都是在Excel中，这……

2. PPT+Excel 双剑合璧，威力无穷

职场人少不了要与数据打交道：做销售的，需要汇报业绩销量；做后勤的，需要汇报支出明细；做人力的，需要汇报薪酬情况；做运营的，需要汇报传播数据；做活动的，需要汇报调研结果……

而现实的工作中，表格最常用的载体并不是 PPT，而是 Excel！因为 Excel 中强大的数据处理功能几乎"无人能敌"。

你平时是如何将 Excel 中的数据转移到 PPT 的？

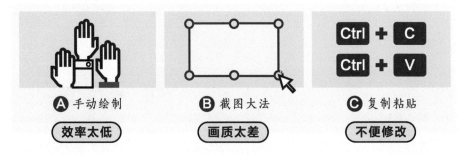

那如何将表格导入 PPT，才能达到"高效 + 清晰 + 同步"一箭三雕的效果？

让它们联手共享各自的优势，方可实现"1+1>2"的效果！

所以关键问题来了：如何才能将 Excel 和 PPT 链接起来呢？

在 Excel 中选择所需表格区域并进行复制，回到 PPT 中通过按快捷键【Ctrl+Alt+V】调出【选择性粘贴】，勾选 "粘贴链接"，选择【Microsoft Excel 工作表对象】，然后单击【确定】按钮，将表格粘贴到 PPT 中。

通过这种方法粘贴表格，有什么好处呢？在 Excel 中对这个表格做任何的修改，都可以在 PPT 中同步自动修改！比如 Excel 中的数据经常要变动，你只需在 Excel 中调整，PPT 会实时同步更新，而不用再次复制粘贴，效率大大提升！

换句话说，不论 Excel 中的这个表格如何调整，PPT 可以永远保持同步最新版！

国产网剧的逆袭

2017年良心网剧横空出世，无论是演员阵容还是制作水平，都有大幅度的提升
国产网络剧从最初的不被看好，到现在成为各大平台的兵家必争之地

序号	剧集名称	首播时间	豆瓣评分	评价人数
1	白夜追凶	2017-08-30	9	300232
2	白鹿原	2017-04-16	8.8	71229
3	人民的名义	2017-03-28	8.3	245351
4	无证之罪	2017-09-06	8.2	93437
5	河神	2017-07-19	8.2	127676
6	杀不死（纯网剧）	2017-06-21	8.2	25033
7	大军师司马懿之军师联盟	2017-06-22	8.1	93160
8	花间提壶方大厨（纯网剧）	2017-04-20	7.9	34675
9	颤抖吧，阿部!	2017-08-07	7.4	20749
10	那年花开月正圆	2017-08-30	7.2	75961

你以为这就完了？精彩才刚刚开始！通过这种 "链接"，就可以把 Excel 中强大的数据处理功能 "嵌入" PPT 中，双剑合璧，威力更大！

如果在表格中，给"评分"的数据列添加【星级】，给"人数"的数据列添加与数据对应长度的【底纹】，这样修改之后，表格内容详尽又可以直观通过条形做大小对比，兼顾数据表格与信息图表两者的优点，就像在表格中嵌入了条形图！

国产网剧的逆袭

2017年良心网剧横空出世，无论是演员阵容还是制作水平，都有大幅度的提升
国产网络剧从最初的不被看好，到现在成为各大平台的兵家必争之地

序号	剧集名称	首播时间	豆瓣评分		评价人数
1	白夜追凶	2017-08-30	☆	9	300232
2	白鹿原	2017-04-16	☆	8.8	71229
3	人民的名义	2017-03-28	☆	8.3	245351
4	无证之罪	2017-09-06	☆	8.2	93437
5	河神	2017-07-19	☆	8.2	127676
6	杀不死（纯网剧）	2017-06-21	☆	8.2	25033
7	大军师司马懿之军师联盟	2017-06-22	☆	8.1	93160
8	花间提壶方大厨（纯网剧）	2017-04-20	☆	7.9	34675
9	颤抖吧，阿部！	2017-08-07	☆	7.4	20749
10	那年花开月正圆	2017-08-30	☆	7.2	75961

但这种效果在 PPT 中直接操作很难实现，手动添加不但效率太低而且不精准。

而在 Excel 中，选中对应数据列分别在条件格式中选择【数据条】和【图标集】，点两下即可完成，然后在 PPT 中更新链接，上面这个表格就轻松实现了！

另外注意，如果 Excel 文件路径发生改变，可能会使两者链接出现问题，所以最好将 PPT 文件与链接的 Excel 文件打包在一个文件夹内一起移动才安全。

看图文可能不太好理解这个"动态链接"，那么扫码观看作者录制的配套教学视频让你的数据汇报高效起来！

<<<<<<<<<<<<<<<<<<<<

扫它！

3. 连 PPT 图表都选不对，还敢做汇报

思考一下，下面两个图表，哪一个更容易看出市场趋势对比？

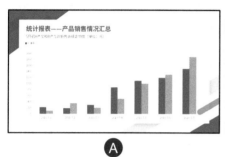

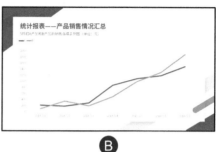

大部分人一眼就能选出答案：B。

但不妨认真思考一下，你是怎么选择出来的呢？

起到决定性的关键信息是"趋势"这个关键词，所以要选对图表，最重要的就是寻找"关键词"来确定关系。

实例	表达焦点	关键词	关系	图表类型	
2019年A产品销售额占比50%	所占比例	份额、占比、%、百分比、构成	构成关系	饼图	
2019年A产品销售额排名第一	比较事物	大于、多于、少于、相当、排名	比较关系	条形图	
A产品销量随着广告投入的增加而增长	两个变量	随……增/减/正比反、与……有/无关	相关关系	散点图	
A产品与B产品的5项主要功能综合对比	多个项目	X项功能的比较、综合对比	多维关系	雷达图	
2015~2019年A产品销售额稳定增长	时间变化	增/减、升/降、涨/跌、稳定/波动	趋势关系	折线图	
A产品购买人群主要集中在26~35岁	数值范围	X到Y之间、频率、分布、集中于	范围关系	柱形图	

来练习一下，以下两个句子应该分别用什么图表来表达？

❶ 2019 年市场销量前三名 A、B、C，其中 A 销量大于 B、C 之和
❷ 2019 年 A 产品的市场份额遥遥领先

在 ❶ 中，看到"大于"，立即就可以判断出是"比较关系"，那选择条形图就对了。PPT 中的条形图有很多种类，可以选用条形图中的"堆积条形图"。

为什么不用饼图？想用饼图的同学忽略了一点，A、B、C 只是市场前三，这三者之和并不是 100%，所以在这种情况下是无法使用饼图的。

在 ❷ 中好像没有看到非常明显的关键词，但是注意"遥遥领先"，其实就是"第一名"的另一种书面说法而已，"第一"是"比较关系"，所以使用条形图。

综上，虽然在 PPT 中要表达的信息种类繁多，但最常见的其实无非这 6 类：构成、比较、相关、多维、趋势和范围，每一种类型直接对应一种图表，就可以快速做出选择。什么？记不住这 6 类？来，给你一句口诀：

狗 比 象 多 吃 饭
（构成）（比较）（相关）（多维）（趋势）（范围）

图表的选择我懂了，但为什么我用了图表做汇报还是挨骂？

4. 图表化思维，让你的演示说服力爆棚

做工作汇报最难的不是做PPT，而是头脑里一片空白，不知道从哪些角度去准备！

你是某公司培训部的负责人，组织了一场PPT技能培训，培训结束后，要向领导做一次重要汇报，那你会怎么向领导说明这次培训的情况？

如果你深度理解了前一节讲到的 6 种图表，就可以围绕一个主题进行多维度的图表化解读，让 PPT 内容充实、有说服力。哪 6 种？——狗比象多吃饭呀！

构成关系

- 培训参与学员各部门占比
- 培训学员男女比例
- 培训当天实际参加人数占比
- 培训当天按时到场率
- ……

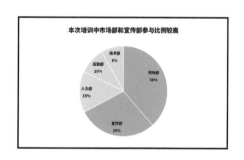

比较关系

- 培训内容需求的调研
- 各部门响应培训的积极程度
- 不同主题培训效果的比较
- ……

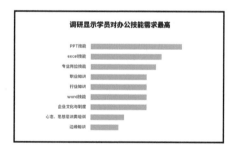

相关关系

- 报名人数与讲师名气有关
- 培训投入与培训人数的关系
- 报名人数与培训时长的关系
- ……

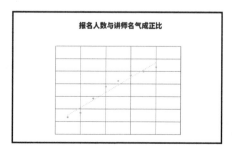

多维关系

- 授课讲师的综合对比
- 两个班级的综合对比
- 两个组织部门的综合对比
- 两次培训情况的综合对比
- ……

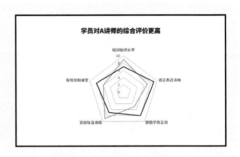

趋势关系

- 培训报名人数近4年的变化
- 培训组织费用近3年的变化
- 学员培训效果满意度的变化
- ……

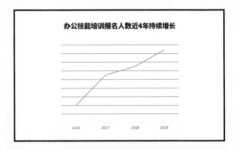

范围关系

- 培训学员在职时间分布情况
- 培训学员年龄层次分布情况
- 学员参加复训次数分布情况
- ……

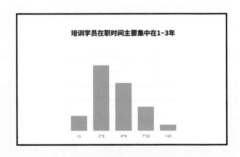

从各个角度综合进行分析，更加全面，所以 PPT 才有说服力。如果你是个职场新手，围绕一个主题想不出这么多，也可以在搜索引擎中搜"销售指标""企业 KPI""绩效考核"等关键词，会有各种统计表供你参照。

关注微信公众号【老秦】（ID：laoqinppt）
回复关键词"图表"获取《图表手册》
看更多图表经典案例，培养图表思维！

5. 小心 PPT 中的 4 大心机表，拒绝掉坑里

图表的运用可能会是一把双刃剑，既可以使信息表达直观清晰、对比鲜明，但也可能瞒天过海、扭曲事实。那 PPT 中的图表有哪些需要注意的坑呢？

❶ 信息不足

先来看一张图表，看完有何感受？

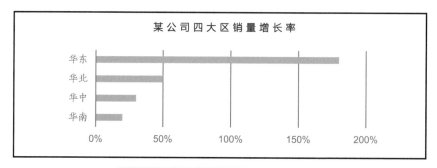

如果只看这个图表，而没有对图表相关背景有充分了解，很容易被带偏。比如"华东区增长率 180%"只是一个结果，但你是否深度了解过以下信息？

- 华东区去年的业绩怎样？增长这么高没错，但原因是今年太好，还是去年太差？

- 今年给华东区投入多少？增长这么高没错，但原因是能力确实增强了，还是投入了额外的人力和财力？

如果有这样的意识，你才可能发现真相，做出客观的评价：

华东区的销售点去年只有 3 个，今年有 10 个，销售点增加了 230%，业绩只提升了 180%，由此说明平均销售业绩其实是下降的。

由此可以看到，当看到 PPT 上的图表信息，不要急着从单一角度就获得结论，要从多角度去了解信息背景，方能看到真相的全貌。

② 心机选择

这是某公司的业绩图表，如果你是投资人，愿意投钱吗？

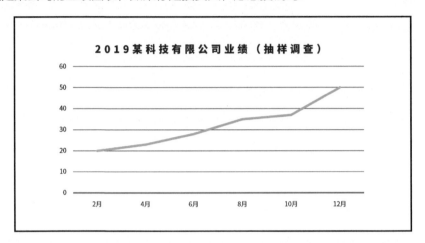

真的是"持续增长，稳扎稳打"？再来看一下真实的完整业绩数据做成的图表。

月份	业绩（万）
1月	30
2月	20
3月	35
4月	23
5月	42
6月	28
7月	50
8月	35
9月	57
10月	37
11月	62
12月	50

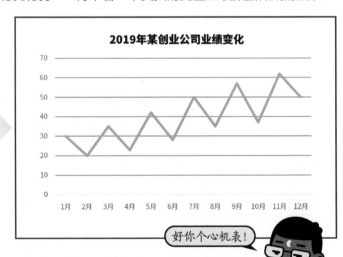

看着这个心跳般的企业，现在你还敢投钱吗？由于很多数据基数庞大，所以做图表时心机者会根据数据的情况，挑选对自己有利的"规则"，然后伪装成所谓的"抽样调查显示"。

所以，当我们看图表的时候一定要注意数据的选择是不是全面，否则就会获得以偏概全的信息，得到片面的答案，做出不当的决策。

❸ 图表变形

这是两家公司最近 5 年的市场占有率趋势图，哪个增长更快？

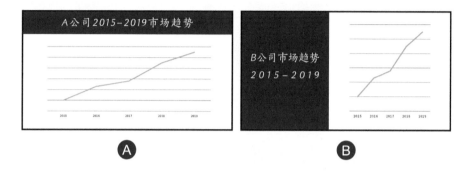

是不是觉得 A 公司增长缓慢而平稳，而 B 公司取得了爆发式的增长？

而真相是：这两张图表，数据是一模一样的！那为什么视觉上感觉差距这么大？

因为——图表被拉伸了。

只不过把图横向拉伸一下，在视觉上看起来可以"更陡"，像一飞冲天。所以图表的拉伸缩放会使图表的"感知"不同，就像哈哈镜一般。

在观看图表时，一定要注意图表的比例是否正常，有没有被刻意拉伸缩放，否则带来视觉误差，会传递给你错误的信息。

❹ 操纵坐标

这是两家公司最近 5 年的市场占有率趋势图，哪个增长更快？

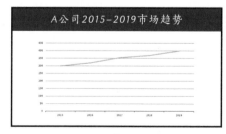
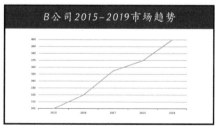

是不是觉得 A 公司增长缓慢，而 B 公司取得了爆发式的增长？

而真相是：这两张图表，数据还是一模一样的！——这是怎么回事？

虽然图表并没有拉伸缩放，但是有一个地方被悄悄动了手脚：坐标起始值。

选中 A 图表纵坐标，右键选择【设置坐标轴格式】，然后在【坐标轴选项】中可以修改"最小值""最大值"等参数，就可以变为 B 图表！这种小小改动，结果就像整了容一样！

再来检查一下，下面这两个图表对比，哪个有问题？

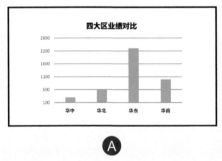

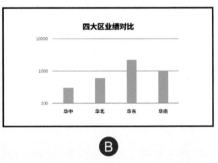

感觉 A 图表的 4 大区业绩差距很大？感觉 B 图表的 4 大区表现比较均衡？

可是起始值都是 100，并没有问题呀？——认真看纵坐标！

B 图表的纵坐标并不是等分的！

选中 A 图表纵坐标右键选择【设置坐标轴格式】，然后勾选"对数刻度"即可变为 B 图表！

起始值、对数刻度……这些非常规坐标在某些特殊场景会有特殊的用法，但绝对不是用来刻意去欺骗和隐瞒的。

我可以选对用对，但领导说我的图表不好看、太平淡，怎么办？

6. 图表的创意表达，竟然这么简单

说到 PPT 中使用频率比较高的图表类型，当然要数柱形图、饼图、折线图这 3 个人气组合。

本节就来为大家分别讲解如何将这3种图表进行设计美化和创意表达。

❶ 柱形图

相对于表格，图表的使用可以让 PPT 的表达更为简单、直观。但是很多人制作图表时偏偏喜欢用力过猛，倾尽毕生所学，以为叠加各种特效就是美，结果 1+1 等于负，越用心，越认真，越丑陋……

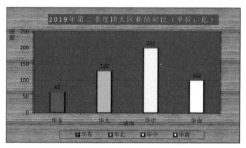

忘掉一切炫技的技巧，去掉一切多余的元素，删掉一切不重要的信息，只保留最重要的核心部分，做一个简单的图表，这不也挺好吗？

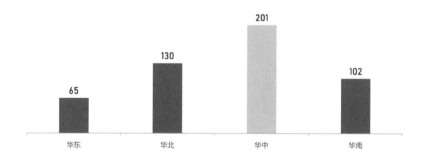

2019年第二季度

四大区业绩对比（单位:亿）

觉得太简单，上不了台面？那你再看看这些重磅发布会上使用的幻灯片？

谷歌开发者大会　　　　　小米 8 发 布 会

所以，图表美化要克制，直观、清晰，能一眼看到重点是关键！

如果一定要加一点变化和创意，有这样一些小技巧可以适当使用。

第一种是改变填充色的方式，不用纯色而是用渐变色，比如下面这样。

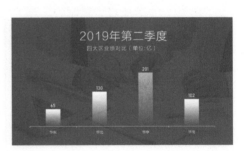

第二种是不用中规中矩的柱形，而是更换其他的形状。

比如，插入一个三角形并按快捷键【Ctrl+C】复制，然后在图表上单击任意一个柱形，会将全部的柱形选中，按快捷键【Ctrl+V】粘贴，瞬间将所有的柱形换为三角形！

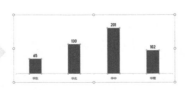
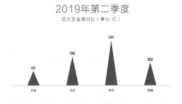

如果对某一柱形单击两次，会单独选中一个柱形进行填充，单独做强调。

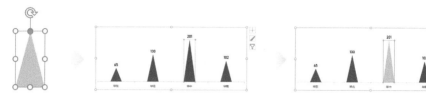

现在，你知道这种图表如何做了吗？

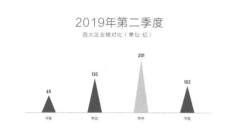

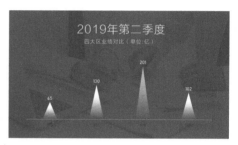

利用不同形状进行填充会有完全不同的结果，比如通过【编辑顶点】可以对三角形进行修改，然后再用刚才讲的【Ctrl+C/V】方法填充到图表中，并添加小图标做修饰。

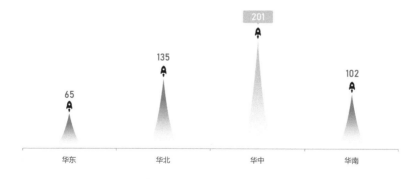

好戏才刚刚开始！一直是使用形状色块，换成图标会有什么效果呢？

比如这个图表阐述的是某一款汽车的销售业绩，那么就用汽车图标试试。

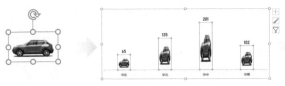

看这个恶劣的拉伸效果，好像是失败了？

不，你只需要一个小动作简单调整：

在图表上右键选择【设置数据系列格式】，然后在【填充】中将默认的"伸展"改为"层叠"，下面就是见证奇迹的时刻！

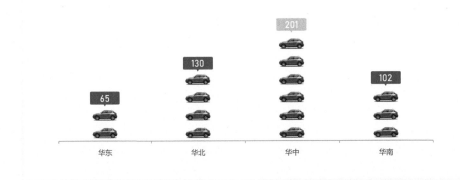

有了这种方法，只要找到匹配的图标，就能轻松作出各种可视化图表啦！

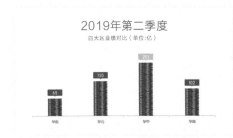
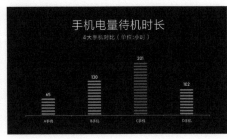

❷ 折线图

再来看折线图的美化。在图表的折线上单击鼠标右键打开【设置数据系列格式】。

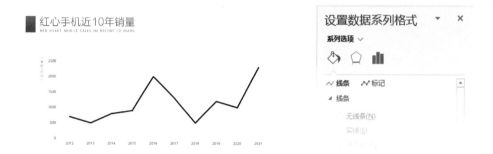

设置为"渐变线",并勾选"平滑线",再添加一个装饰物。

改颜色　　　　　　　改线型　　　　　加修饰

瞧,简单3步,即可完成对折线图的美化!

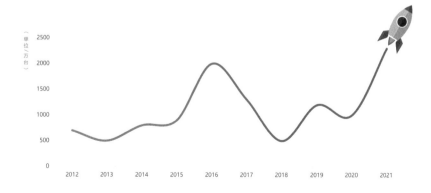

那对于有两个数据系列的折线图应该如何美化呢？老办法，先改颜色和线型。

两条线之所以用不同的颜色，显然是为了做区分，但我们需要知道哪个颜色对应哪个产品，实际制作中，图表远比这个复杂，有没有更直观的方式呢？

当然有！跟柱形图中复制粘贴的技巧一致，先按快捷键【Ctrl+C】复制Logo，再单击选中折线图中所有的标记点，然后按快捷键【Ctrl+V】粘贴。

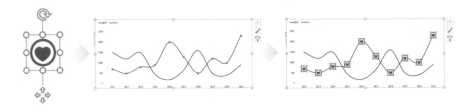

这样修改之后，是不是更直观了？连图例都可以省掉了！

红心&蓝星手机销量对比

RED HEART & BLUE STAR MOBILE PHONE SALES CONTRAST

❸ 饼图

因为饼图组成成分较多，所以首要影响美观度的其实是配色。

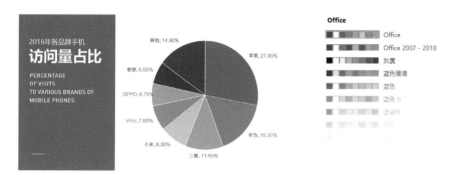

运用上一章的"主题配色"法，可以快速改善。

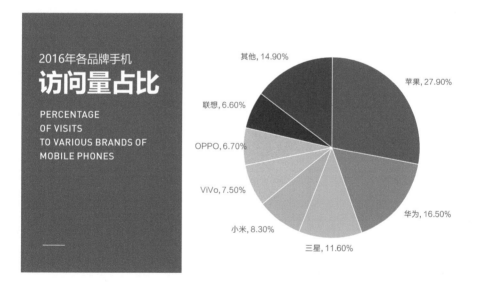

如果你不喜欢多色，也可以在【更改颜色】中选择"单色"。

选中饼图，然后单击【更改图表类型】，选择"圆环图"，把饼图改为环形。

圆环中间那么空，是不是得放点东西啊？没错，找一张与主题匹配的图片，裁剪为圆形后放到圆环中间。

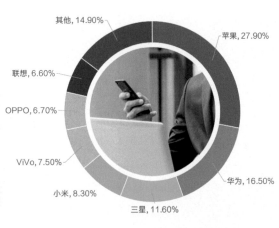

为了让大家更清晰地学会操作，
请扫码观看作者录制的配套教学视频，
动手实操练习，效果才会更好！

除了图表，关于"内容"还有什么比较高频且重要呢？

工作型PPT
— WORK TYPE PPT —

文案之快

EIGHT

熟悉我的人知道，我很喜欢吃猕猴桃。

假如我要钓鱼，我可以用我最爱的猕猴桃来钓鱼吗？

如果你觉得这很可笑，那请问，你为什么经常企图用自娱自乐的 PPT 来打动所有的听众呢？

钓鱼要用鱼所感兴趣的鱼饵。

打动听众首先要用听众所感兴趣的兴趣点。

比如同样是汇报，不同的听众，兴趣点就不一样：

直属领导	想听听你在工作中发现的问题和解决思路
上级领导	想听听你对未来工作的目标和具体的措施
主管领导	想知道你们在工作中可以借鉴推广的亮点
外部专家	想知道工作中的创新之处和具体成果档次
服务客户	想知道工作中问题的解决办法和配合要求

其次，PPT 上大部分信息是以文字的形式传达的，但如果不进行提炼加工，直接在 PPT 上堆积文字，表达不直观，信息传递就会受阻碍。

最后，一次好的演示，要能给听众留下深刻的印象，就要用金句制造记忆点。

一个漂亮的开场需要金句，一个引起全场掌声的讲解需要金句，一个深刻的结尾更需要金句！在 PPT 演示中，用金句可以起到抓注意力、画龙点睛、升华主题、二次传播等作用，为你的演示增加很多附加分。

所以针对 PPT 上文案的 3 个问题，有 3 个地方一定要下功夫。

没有吸引听众
标题

没让听众明白
提炼

没有打动听众
金句

1. 从 PPT 标题开始，就要牢牢抓住听众

为什么你的 PPT 还没有开讲，台下的人已经各自在玩手机了？为什么你的工作汇报没有引起重视，领导和同事完全没有兴趣？……我们先来看一个案例。

看完这个文案，你愿意关注老秦吗？

更多精彩，请扫码关注公众号【老秦】
一个打着灯笼也找不到的男子

为什么觉得无感？原因很简单，没有看到跟自己有关的利益和价值。

如果换一下，找一个契合读者的利益点。

关注公众号【老秦】，回复关键词"灵感"
获取5000页PPT设计灵感作品大合集

为什么准备掏出手机关注了？——因为看到了具体而清晰的"价值"。

所以，我们写 PPT 的标题和文案，切忌自娱自乐，而是要站在听众的角度去想：

"这跟我有什么关系？"

不要觉得这个道理是老生常谈，来看看常见的 PPT 标题都是什么样的。

《智慧笔市场推广策划》
《徐福记系统讨论会》

怎么样？看完之后是不是有这个感受——"这跟我有什么关系？"

那怎么样才叫作"跟自己有关系"？

《智慧笔市场推广策划》 ----------→《如何把智慧笔卖到1000万套？》
《徐福记系统讨论会》 --------------→《100天助力徐福记转型移动平台》

修改之后是什么感受？——"哇，他是怎么做到的？""老板也给了我同样的难题，我得听听他是怎么做的"……

能得到什么、能变成什么、能满足什么好奇心、能解决什么问题……这些都是"跟我有关系"。别以为只有封面才需要写标题,内容页标题栏、图表的标题、转场页标题……处处都在考验你的标题水平!如何起标题?看这10个角度。

标题角度		B&A实例
强调结果法	Before	《××产品的销售经验分享》
	After	《如何让你的业绩在一个月提升50%》
善用数字法	Before	《营销人写文案前的注意事项》
	After	《90%营销人写文案前常犯的3个错误》
巧设悬念法	Before	《××管理模式的分析与研究》
	After	《下一个倒下的会不会是××》
颠覆常规法	Before	《新人培训之PPT技能》
	After	《千万别学PPT!》
对号入座法	Before	《××部门文案写作培训》
	After	《月薪3千元与月薪3万元的文案,差别究竟在哪里?》
第一人称法	Before	《全球生育率趋势的调查报告》
	After	《我可能不生小孩》
主动设问法	Before	《××部门工作汇报》
	After	《如何在下一季度打个翻身仗?》
热点套用法	Before	《PPT设计与制作》
	After	《PPT是个神马玩意儿》
挑战威胁法	Before	《育儿经验心得分享》
	After	《你是否教出了"妈宝"?》
主副标题法	Before	《阿里价值观体系介绍》
	After	《让天下没有难做的生意——阿里价值观体系介绍》

如何能获得起标题的灵感呢?

2. 哪里有源源不断的 PPT 标题灵感

朋友圈、畅销书、热门话题、商业杂志……到处都是高手们精心设计的标题！

如何在畅销书榜找标题灵感？打开一个电商网站（以当当为例），单击图书分类。

图书畅销榜、新书热卖榜、图书飙升榜、五星图书榜……榜单上都是很多高手和无数编辑冥思苦想出来的书名，简直就是优质标题库！随便摘录几个。

《30年后，你拿什么养活自己》
《给你一个团队，你会怎么管？》
《赋能：打造应对不确定性的敏捷团队》
《销售就是玩转情商：99%的人都不知道的销售软技巧》
《轻有力：用90后思维管理90后》
《打造爆文的3个黄金法则》

以《30年后，你拿什么养活自己》为例，做成理财产品的介绍 PPT 标题可不可以？做成二胎政策的宣传 PPT 标题可不可以？做成养老保险的培训 PPT 标题可不可以？瞧，是不是脑洞大开？

同理，你还可以打开微信在朋友圈、文章中寻找标题灵感——告诉你一个绝妙的操作，如何一秒钟找到最好的标题灵感！

一般而言，阅读量高的文章，其标题肯定质量高，因为这是作者们费尽心力设计的，而实打实的阅读量也证明了其传播性和大众的偏好，所以找到高阅读量文章的标题才是关键！

比如做"沟通"主题的PPT，要取个好标题，在用微信搜文章时，点击【排序】，然后点击【按阅读量排序】，各种"沟通"话题的高阅读量文章全出来了！

如果不想临时抱佛脚，就要平时积累标题库，看到好的标题，然后拆解、替换、归档。比如在朋友圈看到一篇《阅读最有效的10种方法》阅读量很高，那就分解它！

然后将每一个部分挖成空，用各种符合要求的词汇进行替换或排列组合即可！

动作	极端字	修饰语	单位	名词表
学PPT 减肥 健身 读书 写作 做菜 ……	最 极 必须 绝对 一定 千万 ……	便宜的、必备的、刷屏的、方便的、流行的、实用的、免费的、有效的、完美的、吓人的、你不知道的、没有人告诉的、性感的、糟糕的、漂亮的、不想看到的、和××一样的、全面的、刮目相看的、超值的、具性价比的、不容错过的、奇葩的、顶尖的、脑洞大开的……	个 条 句 步 招 大 ……	原因、理由、秘密 妙招、工具、故事 武器、奥秘、真相 事实、谎言、方法 步骤、技巧、趋势 痛点、要素、教训 网站……

于是得到各种引人注目的标题：《减肥极具性价比的3个方法》《读书一定不容错过的10个网站》《写作你绝对不知道的7个教训》……

注意：在广告语中是禁止使用极端词的。

3. 不想堆积文字？6 种方法搞定内容提炼

都说 PPT 不能做成 Word，要一眼看到重点，但如何提炼文字呢？有 6 种方法！

❶ 找关键

只需在段落文字中找到带有总结概括性的语句直接拿出来使用即可。

一般这样的总结性语句，出现在段落的开头或结尾，往往还伴随着"总之""总而言之""总的来说""所以"等承接词语。比如这样一份原稿：

> 80后90后社群的划分
> ——
> 通过社群研究发现，虽然同为80后，但用户存在明显差异：4个典型社群分别是普通上班族、主播、置业人群和游戏宅。80后人生阶段跨度较小，所以品牌对话80后时，可以关注工作和生活压力的话题，让80后产生共鸣，从而拉近品牌与80后的距离。总的来说，80后生活趋于稳定，工作、置业成人生主题。
> 同样的，通过社群划分发现，虽然同为90后，但用户存在明显差异：4个典型社群分别是金融从业者、奶爸、大学生和孕期妈妈。相对来说，90后的人生阶段差异较大，有大学生和上班族、也有备孕人群和有娃一族，所以品牌对话90后时应关注差异。总的来说，90后社群多样化、不同社群应用兴趣差异较大。

直接把这两句总结句提炼出来使用，可以说是偷懒的一种提炼方法了。

❷ 抽数据

用 PPT 做汇报或做介绍时，经常会有带数据的文字段落，此时抽出最能代表业绩成绩、市场潜力的数据。比如这样一份原稿：

> 营收情况汇报
>
> 第二季度财报数据显示，A业务营收超380000000，同比增长30%，完成年度收入指标的65%，沿袭了一贯的出色表现。在不断夯实自研实力的同时我们也在积极布局未来，全球化是A业务未来发展不可错失的重大机遇。营收稳健增长，利润持续优化，这体现了自2019开年以来我司战略聚焦执行高效、到位，不俗的财报表现背后，是支柱业务和创新业务的双向发力。持续推进内容消费升级，同时以全景流量赋能业务生态稳健进化。

然后把这个最关键的数据用最具冲击力的方式表达出来，能放多大放多大。

当然了，如果业绩数据不好，就别用这招了。

❸ 删废话

如果文字段落中既没有明显的数据，前后也没有出现总结性语句让我们偷懒直接用，这个时候我们就需要手动对段落文字进行精简。

怎么精简？——删除废话！比如这样一份原稿：

组织构成中的主要弱点
——

股票及债券管理结构有几个重要不足之处亟待在责任重组中被纠正
1. 缺少公认的公司领导系统（如管理委员会、CEO、CFO、COO）
2. 主要活动内容不明确，或者地理位置、范围的授权和责任划分界线不清楚
3. 在生产部门和行政管理部门存在着实际权力交叉（如预测权的归属）

不知道哪些是废话，无从下手？——记住，PPT 上要展示最简单直接的观点和结论，所以，将形容词、装饰性词句等大胆删掉！

组织构成中的主要弱点
——

删掉不影响理解的词语和段落

股票及债券管理结构有几个重要不足之处亟待在责任重组中被纠正
1、缺少公认的公司领导系统（例如管理委员会、CEO、CFO、COO）
2、主要活动内容不明确，或者地理位置、范围的 **删掉不表达观点的素材和案例**
3、在生产部门和行政管理部门存在着实际权力交叉（例如预测权的归属）
　　　　　　　　删掉细化性的形容词修饰描述

去掉这些废话，PPT 是不是顿时就清爽了很多？

ORGANIZATIONAL
WEAKNESSES
组织主要弱点

 缺少公认的公司领导系统

 授权和责任划分界线不清楚

 生产和行政部门存在权力交叉

如果你拿捏不好删减的分寸，不知道该删减多少，还有一个常用的办法，就是以最短句子的长度和结构为标准，去精简其他句子。

比如这个原稿，第5句字数最少，就以第5句的结构为标准，去精简其他4句。

2019工作计划

1. ~~针对公司的经营情况，~~准确把握~~上半年整个行业~~的运营变化，要坚定完成年度目标的信心
2. 清醒认识~~中长期~~市场形势，~~根据公司的现状，~~主动应对~~未来巨大~~的~~挑战~~公司现状挑战
3. 着力抓好~~公司~~经营~~中~~的重点~~环节，努力~~实现核心业务的健康运营
4. ~~协同各部门一起~~大力推进"晶"~~D500~~计划，~~继续~~加快自主事业提升的步伐
5. 开展管理提升活动，夯实公司长远发展基础

经过这样提炼，5句话的并列结构感强，既可以让排版更整齐，也比较好记忆。

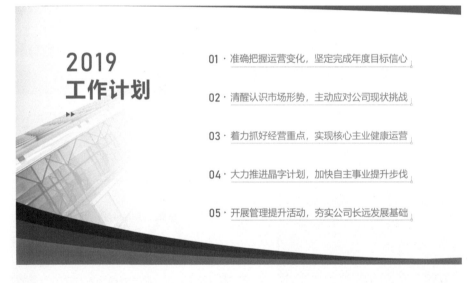

❹ 说人话

做PPT时，我们很容易陷入到"专业思维"，做完PPT觉得自己特别厉害，但在没有同样专业知识背景的听众那里，或许他完全理解不了。

比如你是一位在线教育创业者，有机会用5分钟向投资人做PPT演示，其中最重要的一页就是要传递：跟竞品相比，自己的产品有什么样独特的优势？

那么大部分人会做成什么样呢？来看一下。

主打产品	A产品	B产品	C产品	D产品
用户画像	2-5线中产家庭	一线城市	三线城市	二线城市
产品售价	1000-2000元/年	30000元/年	8000元/年	12000元/年
师资要求	AI教师录播	外教直播	中外教录播	中外教直播
教师成本	0	50%	30%	30%
销售方式	社群及微信营销	电销	微信营销	微信营销

- AI+录播确保教学效果的情况下，做到理想化成本结构
- 以互联网为载体，打造人工智能场景化教学课程体系
- 蒲公英式闭环教学，依托微信生态，社群运营能力突出

看完有什么感受？不知所云？不明觉厉？或者准备好了要不耻下问？

这类 PPT 的提炼，再删废话做文字精简都没有用，因为最主要的问题是存在专业屏障，投资人无法在这么短的时间快速理解你的" AI 录播""人工智能场景化""蒲公英式"……可能就会不耐烦地喊："下一个！"

所以此时应该用最通俗的大白话说出谁都能听明白的一句话，引发对方的兴趣。

竞 品 对 比

同样的教学效果，只需竞品1/10的价格

主打产品	A产品	B产品	C产品	D产品
用户画像	2-5线中产家庭	一线城市	三线城市	二线城市
产品售价	1000-2000元/年	30000元/年	8000元/年	12000元/年
师资要求	AI教师录播	外教直播	中外教录播	中外教直播
教师成本	0	50%	30%	30%
销售方式	社群及微信营销	电销	微信营销	微信营销

没错，这个提炼的方式俗称：说人话！

⑤ 公式化

如果文字中有比较明显的"加减乘除""之和""之差"之类的表达，可以用公式来做提炼。比如这份原稿：

> 第三章–如何让企业利润最大化
> ——
> 从经济学的角度上来说，企业的行为目标，就是利润最大化。企业的利润是由价格减去成本得出的。而价格是由外部市场的供需关系所确定的，企业只能被动接受。所以企业希望获取最大的利润只能通过降低自身的成本来实现。

所以这段话其实可以提炼为一个公式、一个观点、一个结论。

公式：利润=价格–成本 （成本↓ 换取 利润↑）
观点：价格由外部市场的供需关系确定
结论：成本决定利润

那么，这一页 PPT 就可以这样做：

⑥ 做总结

职场中很多人难免工作做得很琐碎，耗费时间其实并不少，确实不是什么惊天动地的业绩,但放在 PPT 上好像很平淡,可如果不放又没什么能说的了,好尴尬。

比如下面这份原稿，列了很多工作内容，都是日常部门里面的零零碎碎，如果像这样展示一笔流水账，自然没有人认为你的工作做得好。如果还要再删掉废话，估计整个一页就没什么内容了……

第二季度主要工作汇报
——

- 制定并下发笔记本电脑管理制度
- 1 月份全面清点了现有资产、回收闲置资产
- 为新成立的服务支撑班组调配了电脑 14 台、电话 6 部、传真机 1 部、打印机 2 部
- 为信息室新进人员调配 10 台电脑
- 1 台传真机、2 台闲置电脑修复后重新使用
- 南京新风网站排名分析系统利用旧数字电视服务器 1 台
- 189 抢号利用旧服务器 1 台

所以，这个时候要做的不是"删"，而是"添"——添加结构化总结。

如何结构化？先想想领导最关心什么，把总结出来的要点与领导关心的问题直接挂钩，让领导判断你的贡献是否有价值，而不是丢一堆信息让领导做思考题。

如果你是领导，你会喜欢做思考题，还是判断题？答案显而易见。

领导重视，部门支持，资产管理进一步加强

强化资产的管理
- 制定并下发笔记本电脑管理制度
- 1月份全面清点了现有资产、回收闲置资产

优化资源的调配
- 为新成立的服务支撑班组调配了电脑14台、电话6部、传真机1部、打印机2部
- 为信息室新进人员调配10台电脑

提高资产利用率
- 1台传真机、2台闲置电脑修复后重新使用
- 南京新风网站排名分析系统利用旧数字电视服务器1台
- 189抢号利用旧服务器1台

瞧，经过调整的汇报结构非常好地借助了领导的成本管理思维，用领导熟悉的语言说明了琐碎的工作和重要的成本控制工作之间的联系，列出的事项其实没有变，但给人的感觉却不一样了？这就是以小见大，把小事讲出深度……

而且，做总结最大的好处，可以减轻观众的阅读负担。比如这样的一些信息：

> **制造业人力资源管理的需求**
> ——
> · 结合其他业务数据，提供及时、准确且直观的数据分析报表，为企业的战略规划和监控提供数据支持。
> · 有效进行绩效和薪酬管理，促进人才队伍建设，建立健全人才激励机制，有效激励员工，全力留住人才。
> · 提高员工、业务部门经理和公司CEO对人力资源的参与度，提高人力资源部门的工作效率和满意度。
> · 人员多，异动频繁，结构复杂，劳动纠纷发生概率高，加强对人力资源信息管理的及时性、准确性和完整性。
> · 完善招聘规划、招聘实施、招聘效果分析这一系统流程，做好招聘管理，满足企业对人才的需要。
> · 企业生产计划变化大，员工调班，调线情况多，通过灵活、精细化的管理提高考勤管理效率，控制人力成本。

未经整理的信息，直接罗列出来甩给领导，这是偷懒和不负责的表现，当然也很难获得领导好的评价。我们可以保持原稿一字不删，只给每一段增加一个四字标题。

制造业人力资源管理的需求

决策支持 ////////////////
结合其他业务数据，提供及时、准确且直观的数据分析报表，为企业的战略规划和监控提供数据支持。

人才激励 ////////////////
有效进行绩效和薪酬管理，促进人才队伍建设，建立健全人才激励机制，有效激励员工，全力留住人才。

效率提升 ////////////////
提高员工、业务部门经理和公司CEO对人力资源的参与度，提高人力资源部门的工作效率和满意度。

信息更新 ////////////////
人员多，异动频繁，结构复杂，劳动纠纷发生概率高，加强对人力资源信息管理的及时性、准确性和完整性。

招聘管理 ////////////////
完善招聘规划、招聘实施、招聘效果分析这一系统流程，做好招聘管理，满足企业对人才的需要。

成本控制 ////////////////
企业生产计划变化大，员工调班，调线情况多，通过灵活、精细化的管理提高考勤管理效率，控制人力成本。

你会发现这一页上文字其实变多了，但阅读的负担却降低了！在职场中"结构化总结"不仅是一种技巧，更是一种好的思维习惯，让领导和同事觉得你"条理清晰"。

那PPT中要有让人印象深刻的"金句"，也有技巧吗？

4. 给 PPT 制造金句，有 3 种思路

PPT 中的金句有多重要？看看罗永浩、雷军刷屏的 PPT 就知道了！

更别说当年乔布斯在斯坦福大学的演讲，全程根本就没有使用 PPT，但我们都听说过那句"Stay Hungry, Stay Foolish"！

所以，在 PPT 中善用金句，可以制造强势记忆点，随着时间推移，观众或许忘掉内容、概念、理论，但一定记得印象深刻的金句。

为什么会这样呢？因为金句一般有 4 个特点：

朗朗上口易记忆，不明觉厉有道理，引起共鸣难忘记，短小精悍冲击力！

那如何才能写出源源不断的金句？教大家 3 种方法。

❶ 引用金句

在 PPT 中使用金句型 PPT 最简单的方法，是直接引用别人的话。

引用金句的目的是什么呢？

比如这两页 PPT，仔细想想，其实表达的是同一个意思，观点并没有变，但前者会被吐槽是鸡汤，后者更容易被奉为经典。

比如，要说服别人小米手机值得拥有。前者堆砌产品性能可能会显得晦涩难懂、苍白无力，连看都看不懂，还谈什么说服？而后者重量级的媒体评价更让人信服。

再比如，发表观点时，直接把高深的概念文字搬到 PPT 上让人感觉很说教，可是，如果它是出自于某本已经传承多年的经典著作，是不是就更让人信服？

综上可以看出，引用金句的作用，是在自己人微言轻、名气不足、威信不够的时候，让权威人士、权威媒体、经典著作代你说话，增强 PPT 的说服力。

所以在制作这类 PPT 时，就要强化金句的引用感、权威感。具体该怎么做呢？

比如在 PPT 中要引用列夫·托尔斯泰的一段话：

一个人就像一个分数，他的实际才能是分子，他的自我评价是分母，

分母越大，分数的价值就越小。

做 PPT 时强化 3 个地方：

引号——用大众最熟悉的标点符号做视觉强化

出处——列夫·托尔斯泰

照片——列夫·托尔斯泰的照片

根据这 3 点，就可以将 PPT 做成这样！

❷ 改装金句

还有一个造金句的办法是改造已有的金句，将耳熟能详、传播广泛的句子做二次加工，在熟悉的味道上营造不一样，经常可以起到很不错的效果和"笑果"。

如何改造金句呢？还记得在前面讲过的标题拆解法吗？

同样的原理，对于好的金句也可以先拆解原句结构，然后做关键词挖空，最后再进行替换填空。我们以高晓松的金句为例。

生活不止眼前的苟且，还有诗和远方   ①原句

＿＿不止眼前的＿＿＿，还有＿＿和＿＿＿   ②挖空

- 90后不止有眼前的枸杞，还有黑眼圈和脱发
- 加班不止有眼前的PPT，还有老板和甲方

     ③填空

❸ 自造金句

如果你想自己原创金句，这里也有几个造金句的句式。

金句类型		实例
*bb*型	按照某种模式重复相同或类似的字/词/句	• 很多人根本不知道自己不知道 • 人总是愿意相信自己愿意相信的 • 以傲慢与偏执回敬傲慢与偏见
*bd*型	两个相反的字词放在一起	• 孤独的狂欢/熟悉的陌生人/震耳欲聋的沉默 • 我的原则就是没有原则 • 没有意义就是最大的意义
*abba*型	前后互换组成一句话	• 戏如人生，人生如戏 • 普通的改变，将改变普通 • 不是厉害了才能开始，而是开始了才能变厉害
*abac*型	前缀一样后续承接不同	• 哪儿有生活，哪儿就有希望 • 越努力，越幸运！ • *Stay hungry, Stay foolish* • 要么出众，要么出局
*abbc*型	前面结尾的词作为下文的起头	• 带不走的留不下，留不下的莫牵挂 • 今年过节不收礼，收礼还收脑白金 • 知至而后意诚，意诚而后心正，心正而后身修，身修而后家齐，家齐而后国治，国治而后天下平
*bqdp*型	对仗工整结构含义相反	• 你有权保持沉默，但是你没权扯淡 • 要想人前显贵，必得人后受罪 • 今天对我爱搭不理，明天让你高攀不起
改编型	对耳熟能详的名言金句做改编	• 世上无难事，只要肯放弃 • 三分天注定，七分靠滤镜 • 莫愁前无知己，天下没人认识你
公式型	用公式表示元素间的关系	• 成功=（时机+心态）×人脉 • 快速学习=内容×时间×质量

你学会用金句、改金句、造金句了吗？赶紧动手试一试吧！

本节都是谈"单页"上的内容，怎么把它们串起来呢？

逻辑之快

NINE

大家来听你讲 PPT，到底是听什么？

- 领导们专门腾出时间听你汇报，需要获知你工作之中的问题、规划……

- 同事们放下手头工作听你分享，需要得到你最有价值的观点、经验……

- 学生们早到教室占座听你讲课，需要学到你系统全面的知识、技能……

- 客户们花了巨额费用请你提案，需要买到你与众不同的创意、方案……

有谁是专程来看你的 PPT 有多炫酷的吗？

本质上以上场景都是做"信息的传递"，也就是"沟通"。

PPT 的作用就是将这些所要传递的信息变得更直观、更清晰、更易记忆，能更快、更准地传递给听众，如果没有这些"信息"，做 PPT 就无从谈起。

所以当你在做 PPT 的过程中，如果第一反应总是："这一页怎么才能炫酷？"，那你的 PPT 可能一开始就是注定失败的，因为你一开始就本末倒置了。

工作型 PPT 的第一目的是沟通！

那如何才能达到沟通的目的呢？注意 3 点：

- 明确演示的目标，PPT 的一切都围绕着演示目标进行准备；

- 根据目标确定整体的逻辑框架，确保 PPT 清晰而完整的思路；

- 在逻辑框架下，对具体的问题、难题用模型进行分析。

都说 PPT 的灵魂是逻辑，在确保以上这 3 点都没有问题的前提下，再根据剩余时间的情况将 PPT 美化到可以达到的最佳程度。所以，本章就来学习 3 个问题。

演示目标

逻辑框架

分析模型

1. 演示目标决定着一切

我们做一份 PPT 的时候，首先确定的就是做这份 PPT 的核心目标，也就是通过这次演示，要实现什么样的结果。比如这些工作中的场景。

- 与竞品有市场较量时的工作汇报 ———————→ 目的：争取资源
- 给部门同事做个人分享或者演讲 ———————→ 目的：启迪思考
- 取得重大工作突破后的总结报告 ———————→ 目的：获得表扬
- 业绩超额完成情况下的述职报告 ———————→ 目的：获得升迁
- 业绩未能达标情况下的年终总结 ———————→ 目的：获得谅解

一旦演示目的能够明确，你会发现，演讲的风格、逻辑的结构、用词的风格、选材的方向……就都心里有数了，也在很大程度上减少了返工的风险。

演示目的	演讲风格	逻辑结构	用词风格	选材方向
争取资源	平稳冷静	先谈进展再谈困难	专业	多用专业图表
启迪思考	热情大方	先谈故事再谈道理	幽默	多用实际案例
获得表扬	积极主动	先谈成绩再谈不足	自信	多用数据图表
获得升迁	成熟老练	先谈经验再谈规划	沉稳	多用职业素养
获得谅解	低调谦和	先谈苦劳再谈结果	诚恳	多用保守表格

如果你做 PPT 没有先明确演示目标，而是稀里糊涂地做一页算一页，导致最终不断返工、不断修改，浪费大量的时间。所以一定要避免盲目、避免返工、避免信息不对等，一开始就做到围绕明确且准确的目标去行动，对症下药，从 PPT 制作的原点就牢牢抓住听众，取得预想的效果。

但是类似"争取资源""获得表扬""取得谅解"这样的演示目标，切入点太细，列出来会有无数种。

为了能够让大家更便捷地确定演示目标，从演示的结果来看，我们制作一份PPT，总结下来其实无外乎下面的3种目的。

传递信息
TRANSFER INFORMATION

发表观点
PUBLISH A POINT OF VIEW

号召行动
CALL FOR ACTION

下面，我们来看3个案例，加深你对"演示目标"的理解。

你组织部门的同事开会，交代迎接领导视察事宜

——此时你制作PPT的目的主要就是"传递信息"，给同事们讲清楚来的是哪位领导、什么时候到、大家需要注意什么，不能遗漏。

你应邀去参加某峰会论坛

——此时你制作PPT的目的主要是"发表观点"，将自己对该领域的见解、洞察、结论分享给听众，让大家接受、折服。

你要开一场新品发布会

——此时你制作PPT的目的是"传递信息"+"号召行动"，一方面讲清楚新品卖点，另一方面希望听过发布会的人都能买买买。

现在你知道什么是"演示目标"了吗？

有了目标，下面要做什么呢？

2. PPT 的演示逻辑，无非这 3 种类型

很多人都缺乏把内容通过逻辑贯通起来的能力，他们所谓的 PPT 逻辑，只是通过 PPT 将内容强制分为"一、二、三……"，再分为"1.1、1.2、1.3……"。

至于从上一页内容为何能跳转到下一页内容，完全不交代，靠人为地强行切换，貌似很有条理，其实一团糟。

好的 PPT，要用一条主线将所有的内容串起来，即便去掉 PPT 的形式，去掉"一、二、三"，我们也能理解到你的观点或意图，这就是"逻辑"的力量。

但是大多数人也会有新的疑惑：

"我也知道逻辑很重要啊，但我的逻辑不好怎么办？"

在人类进步的历程中，经过大量的沉淀积累，有一些框架久经考验，成为经典。

那这些逻辑框架具体要怎么应用在PPT中呢？

3. 传递信息，用这 2 种逻辑就对了

若你的 PPT 目的是"传递信息"，可以选择的框架有 5W1H、SCQA。

❶ 5W1H

先出道题目考考你——

哈利·波特系列第一部《哈利·波特与魔法石》，讲了什么？

看到这个问题，很多人脑海中闪过很多画面，但是要用简练的语言快速描述一遍，却又发现不知从何说起，毕竟这部电影足足有 160 分钟啊……

而网上有一个叫谷阿莫的大叔，经常通过简单精辟幽默的语言把数小时的电影高度概括成几分钟的短片，比如对于《哈利·波特与魔法石》，他是这样讲述的：

> 主角跟一个酗脸同学、爱读书的女主角意外发现学校密道里藏了可以复活的宝石，大魔王的灵魂跑来想偷，之前因为大魔王可能有点忙，才搞到刚好主角来读书的时候才来偷。大魔王叫法术老师掐死主角，然后法术老师就被主角身上爱的防护罩反弹干掉了，大魔王逃走了……
>
> ——谷阿莫

怎么样，是不是很精炼？是不是很想有像谷阿莫一样超强的信息提炼能力？

其实原理非常简单，只要掌握了框架，你也可以做到！

来，现在就揭秘一下背后的框架——

WHO	主角跟一个酗脸同学、爱读书的女主角
WHERE	学校密道
WHAT	可以复活的宝石
WHY	因为大魔王可能有点忙
WHEN	主角来读书的时候
HOW	被主角身上爱的防护罩反弹干掉

为什么要说出真相！

这个框架叫做"5W1H"，分析问题时先将这6个要素列出，再列出一些小问题，从而产生更新的创造性设想或结论。

WHY	WHAT	WHERE	WHEN	WHO	HOW

下来我们一起实操一下：如果你要代表公司去 A 大学做校园招聘，如何梳理？

感到没有头绪？来，用"5W1H"来梳理一下——

WHAT	我们是一家什么公司？（产品是什么？文化是什么？愿景是什么？）
WHERE	公司地址在哪里？（周围环境？交通情况？办公条件？）
WHEN	入职时间、工作时间、休息时间、节假日安排等
WHO	你入职后是否有人带？你的同事都是哪些人？
WHY	为什么加入我们公司？很有前途？（品牌？薪资？福利？成长空间？）
HOW	如何加入我们公司？（简历投递、笔试/面试安排等）

瞧，经过这样一番整理之后，是不是基本思路就出来了？而且信息非常全面。

这些内容虽然不一定全部都用上，5W1H 本身就是重在"没有疏漏的梳理"，梳理之后还要根据实际的要求（比如演示时长）进行挑选、合并、重排或简化。

另外，5W1H 还是"PPT 制作任务"非常好的梳理工具，梳理得越早越清楚，后期会进行地更顺利。

WHY	为什么要做这个PPT？（目的）
WHAT	我们在PPT里需要放什么内容？（文字/图片/视频……）
WHERE	PPT被展示或被投放在哪里？（地点/场合……）
WHEN	什么时候提交/演示PPT？（初稿时间/定稿时间/演示时间……）
WHO	PPT的使用者和收看者是谁？（演示者/听众……）
HOW	如何能够将信息和观点更好地传递？（逻辑/道具/口才……）

或许你一直都知道"5W1H"，但你从来没有好好地应用它，总奢求知道更多"新东西"，而真相是，久经考验的才是经典，需要反复使用直到内化为你的思维，遇到问题下意识地快速反应，而不是每一次还需要刻意查阅。

❷ SCQA

你生活中有没有遇到过这样的情况……

指甲有点痒，你嘀咕了一句：不会是灰指甲吧……

这个时候一定有人忍不住跳出来——赶紧用亮甲啊!

同事请吃火锅，你婉言拒绝：怕上火……

这个时候一定有人忍不住跳出来——喝王老吉啊!

给领导送礼物，你有点担心：不收礼怎么办……

这个时候一定有人忍不住跳出来——收礼还收脑白金!

为何他们听到问题总是无意识中将广告脱口而出？

这一切的背后究竟藏有什么玄机呢？

原因很简单，因为这些文案看似不同，

但是都使用了同一个框架。

Situation 情境	Complication 冲突	Question 疑问	Answer 答案
目标熟悉的场景	营造怎样的冲突	那应该怎么办呢	可行的解决方案
得了灰指甲	一个传染俩	问我怎么办？	马上用亮甲
（吃火锅）	怕上火	（怎么办？）	喝王老吉
今年过节	不收礼	（那收什么呢？）	收礼还收脑白金

这些耳熟能详的广告，就是用 SCQA 框架切中你的生活场景，在不知不觉中说服你购买！岂止广告，中外古今很多传诵至今的佳作，也是 SCQA 框架！

不信？就挑个你背过的吧。

> 先帝创业未半而中道崩殂，今天下三分，益州疲弊，此诚危急存亡之秋也。……愿陛下托臣以讨贼兴复之效，不效，则治臣之罪，以告先帝之灵。……陛下亦宜自谋，以咨诹善道，察纳雅言，深追先帝遗诏。臣不胜受恩感激。今当远离，临表涕零，不知所言。
>
> —— 诸葛亮《出师表》

来，我们来梳理一下全文。

S（背景）	先帝创业未半而中道崩殂……
C（冲突）	今天下三分，益州疲弊，此诚危急存亡之秋也……
Q（疑问）	（该如何是好呢？）
A（答案）	愿陛下托臣以讨贼兴复之效……

不妨我们再来将上一节中曾用"5W1H"梳理过的这个题目拿过来再做一遍：

如果你要代表公司去 A 大学做校园招聘，如何梳理？

这次我们用"SCQA"来梳理出一种新的 PPT 思路。

S（背景）	你是不是想在大城市找一份好工作？
C（冲突）	但你有没有想过，在大城市上班，一天要浪费3个小时在路上？
Q（疑问）	不想浪费时间，想用于工作和学习，实现快速成长，怎么办？
A（答案）	我们公司为你推出真正的弹性工作制！

所以你也看到了，同样的目标用不同的框架梳理，会得出不一样的思路。

而且，即便是同一个框架，应用不同的角色，也可以得出完全不同的思路。

不妨再来看一个真实工作中的高频场景：年底到了，年终总结 PPT 怎么做？

年终总结是一个难得的与领导沟通的机会，不论你的业绩如何，都可以通过 SCQA 来表达，并实现沟通的目标。

比如，你的业绩完成得非常好，用 SCQA 突出成绩，争取授权。

S（背景）	我的工作不仅达标，而且超标，我总结出了一系列亮点
C（冲突）	还是有一些问题制约我做得更好
Q（疑问）	明年业绩如何才能上更高台阶？
A（答案）	我的改进对策是……明年我的更高目标和具体安排，请您给我授权

或者，你的业绩完成得中规中矩，用 SCQA 突出信心，争取资源。

S（背景）	我的工作按计划执行，取得了××进展，部分数据在行业内指标领先
C（冲突）	遇到了一些实际的困难和问题
Q（疑问）	如何解决以上问题？
A（答案）	需要领导支持（给资源），下一步工作我充满信心

再或者，你的业绩根本就没有达标，用 SCQA 突出成长，争取谅解。

S（背景）	工作任务重，种类多，我加班我熬夜，我很努力
C（冲突）	突如其来的任务/意外情况，我做出了巨大牺牲，取得了巨大的成绩
Q（疑问）	为什么今年的任务还差10.7%未完成？
A（答案）	困难督促我成长，积累的经验为明年更大的进步做好了铺垫

综上，可以看出 SCQA 本质上是一步步引导到"目标"的，3 种思路虽不同，但都分别步步指向自己的目标：要么求授权、要么求资源、要么求谅解。

因为明智的人不会仅仅在工作总结里总结，而是要通过汇报的机会争取各种资源，毕竟，工作总结是公司制度规定里面允许你和上级领导沟通的一个重要桥梁。

4. 发表观点，用这 2 种逻辑就对了

若你的 PPT 目的是"发表观点"，可以选择框架：FAB、PREP。

❶ FAB

想要说服别人，最简单的思路就是从对方的立场出发。

因为站在对方立场，可以减轻对方的敌对情绪，拉近彼此的距离，更加容易被人接受，获得良好的效果。

但这句话太抽象，具体应该从对方立场的哪几个角度展开呢？

很简单，3 个要点即可让你的表达火力十足。

销售领域内有一个著名的故事——猫和钱的故事。

一只猫非常饿，想大吃一顿。这时销售员推过来一摞钱，但是这只猫没有任何反应。然后销售员说："猫先生请看，我这儿有一摞钱，能买很多鱼，这意味着你就可以大吃一顿了。"话刚说完，这只猫就飞快地扑向了这摞钱。

我们来分析一下这段话的结构。

F（属性）	这儿有一摞钱
A（作用）	能买很多鱼
B（益处）	你就可以大吃一顿

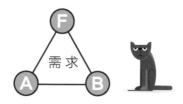

特别注意，FAB 要紧紧围绕受众的需求，比如猫吃饱喝足了，它不想再吃东西了，而是想见女朋友了，那么这个时候以上这段话即便是 FAB 结构，猫也没有反应，原因很简单，它的需求变了。

在大量的实践中，人们在 FAB 的基础上又增加了一个 Evidence（证据），用于加强客观性、权威性、可靠性和可见证性，最终组成了 FABE 法则。通过这4 个环节，找到关键、解答诉求、证实利益、打消疑虑，从而顺利实现沟通目的。

承担"证据"角色的，包括技术报告、用户评论、报刊文章、照片、示范等。

不妨再来看一个例子。

假设你是公司市场部的负责人，近期有一场行业展会，你想借此机会推广公司的新产品，怎样才能说服老板支持你参加这次展会？

用 FABE 法则，就可以这样梳理思路。

F（属性）	我认真考察了一下这次展会的情况，参展的公司中，80%以上都是我们的目标客户企业
A（作用）	如果我们能够参展的话，就可以在短时间内与大量目标客户有近距离的接触，让他们知道和了解我们的新产品
B（利益）	如果现场能够让客户试用，说不定能够现场签约，或者为后期的新产品销售积累一批有意向的客户资源
E（证据）	去年有一家企业在展会上拿下的几个订单，足足占了年销售总业绩的一半，这是具体数据报告，您看看……

提醒一下，并不是一定要完全按照这样 4 个顺序，可以根据实际情况灵活调整。

比如，一次演示的时长非常短暂，只有短短几分钟，机会稍纵即逝，如果不能尽快打动听众，吸引注意力，机会也就稍纵即逝。

那么这个时候，就可以在洞悉需求的前提下，按照 BEFA（利益点 – 证明 – 特点 – 优点）的逻辑顺序来传递观点。

我们还是以刚才的这个汇报场景来梳理。

B（利益）	我们的新品急需推广，如果能在短时间内接触到大量的目标客户，就可以为销售积累一批有意向的客户资源，占领市场先机，甩开对手
E（证据）	比如，去年有一家企业在一次展会上拿下的几个大订单，足足占了年销售总业绩的一半，这是具体数据报告，您看看……
F（属性）	最近就有一次业内重量级展会，我考察了一下，参展的公司中，80%以上都是我们的目标客户企业
A（作用）	如果我们能够参展的话，就可以与大量目标客户近距离地接触，让他们知道和了解我们的新产品，通过让客户试用，说不定能够现场签约

❷ PREP

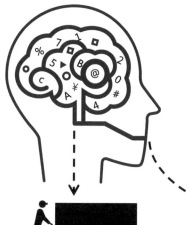

我们脑海里存在的信息、观点、图像……都是各种原始材料，如果完全不加工，想到哪说到哪，一股脑将这些原生材料囫囵打包丢给听众，要么消化不良，要么撑得要命。

而经过大厨的搭配，前菜、主菜、甜品……才能循序渐进，有规律有节奏，吃得满意。

下面，一起来看个对比案例。

"原生材料打包"版	"大厨精心烹制"版
老板，有几件紧急的事情要跟你说，非常重要。 我刚拿到上一季度各分公司发给我的销量报表，看得出最近我们的产品卖得非常好，几乎是供不应求，市场占有率领先。但我也得到消息，咱们的原材料价格上涨了30个点，这导致产品利润空间大大降低。另外，刚才物流公司也打电话来说要提价，我已经比较了几家公司的价格，但还是没有办法说服他不涨价。对了，几个竞争品牌最近也涨价了，涨价幅度不一样，有多有少。 这是资料，您可以看看……	老板，我认为我们的产品应该涨价20%，原因有三： 第一，原材料最近都涨价了30%，物流成本也上涨了； 第二，竞争品牌全部都调价10%～15%，我们应该跟进； 第三，上季度销量供不应求，提价可以缓解生产压力。 当下很火的A品牌就曾利用提价营造名牌形象，使消费者产生价高质优的心理定势，作为领军品牌，要深度借鉴该策略。 综上，我们的产品应该涨价20%，而且要超过竞品，进一步确立市场领军地位。您觉得这个建议是否可行？

瞧，同样的信息，前者给人的感觉是"话多且密无重点"，字数并不多但感知上非常冗长；而后者的感觉是"表达清晰有条理"，听起来不累，又有说服力。

两者的差别仅仅在于脑海中的信息在出口时经过了不同的处理。

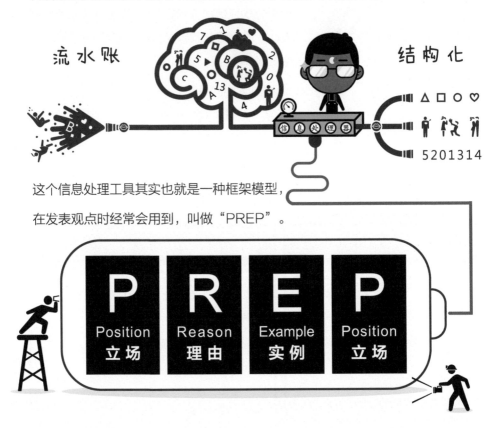

这个信息处理工具其实也就是一种框架模型，

在发表观点时经常会用到，叫做"PREP"。

再回过头去看开篇的"大厨精心烹制"版，是不是发现也不难？

P（立场）	我认为我们的产品应该涨价20%
R（理由）	原因有三：第一，原材料涨价；第二，竞品调价；第三，生产压力
E（实例）	A品牌利用提价策略提升品牌形象并获得了成功
P（立场）	我们的产品应该涨价20%，而且要超过竞品，进一步确立市场地位

唉，原来都是有秘诀的啊……

我们再次拿出这个题目：

如果你要代表公司去 A 大学做校园招聘，如何梳理？

这次我们换刚学的"PREP"来梳理出新的 PPT 思路。

P（立场）	我们公司是你求职的最佳选择
R（理由）	优势产品、技术竞争力、科学的人才培养体系、合理的薪资和福利体系
E（实例）	校友成功案例
P（立场）	没错，我们公司是你求职的最佳选择，赶快加入我们吧

再比如，要做一个产品介绍，可以怎么梳理 PPT 思路？

如何向客户介绍在线课程"工作型 PPT 应该这样做"？

兵来将挡，水来土掩，直接上 PREP。

P（立场）	白领必须学好PPT！
R（理由）	第一，PPT比Word更直观；第二，领导现在都喜欢看PPT；第三，好的PPT能让你脱颖而出……
E（实例）	上个月小A的PPT做砸后，扣绩效了！ 这次例会小B的PPT很棒，被提拔了！
P（立场）	请抓紧学习PPT！参加网易云课堂"工作型PPT应该这样做" 做成幻灯片是这样的……

瞧，借鉴这些经典框架，思路顿时清晰了很多！

这就是框架的力量，让你的 PPT 显得既专业又有说服力！

关注微信公众号【老秦】（ID：laoqinppt）
回复关键词"复盘"
阅读更多 PPT 设计复盘和思路编排

《《《《《《《《《《《《《《《

5. 号召行动，用这 2 种逻辑就对了

若你的 PPT 目的是"号召行动"，可以选择的框架有：GROW、AIDA。

① GROW

你有没有遇到过下面这样的情况？

> 你要给内部做个PPT培训，他们坐在台下毫不配合；你讲的时候他们随声附和，演示结束了却原地不动；你与员工谈话想做个激励，他却听得云里雾里……

怎么样才能让受众"动起来"？你需要知道 GROW 模型！

GROW 模型的思路，是先让对方确立一个目标，之后认清现实状况，根据目标和现实之间的差距选择解决方案，广泛用于管理、激励、培训等场景中。

比如你做 PPT 培训，如何让台下的学员跟着你一起动手，融入学习中呢？

用 GROW 模型来梳理一下。

G（目标）	各位都想成为一个高效的职场人，说白了就是不想加班嘛，对吧？
R（现状）	没有学过设计，做得很费劲，还耽误了本职工作，每天熬夜，很痛苦
O（方案）	有3个"转"功能，可以改善大部分职场人的处境，第一，Word文件可以直接一键转成PPT；第二，文字可以通过SmartArt一键转换排版；第三，通过主题导入可以一键转换模板。以上每一条，普通人可能都需要用小半天，而你只需要几秒即可完成！
W（行动）	是不是很想学？打开练习素材，跟着我一起来做！

❷ AIDA

工作汇报，最重要的是让老板立即下令给你授权啊！开发布会，最重要的是让消费者赶紧下单啊！技能培训，最重要的是让学员马上动手啊！……

到底如何构思 PPT，让他们行动起来？！这个时候，你必须祭出 AIDA 法则！

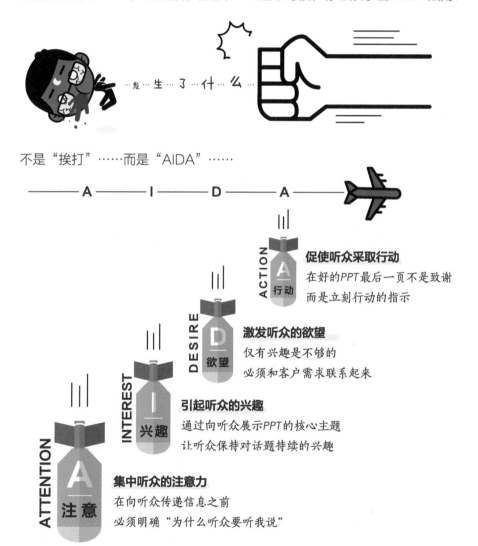

不是"挨打"……而是"AIDA"……

ACTION 行动 促使听众采取行动
在好的PPT最后一页不是致谢
而是立刻行动的指示

DESIRE 欲望 激发听众的欲望
仅有兴趣是不够的
必须和客户需求联系起来

INTEREST 兴趣 引起听众的兴趣
通过向听众展示PPT的核心主题
让听众保持对话题持续的兴趣

ATTENTION 注意 集中听众的注意力
在向听众传递信息之前
必须明确"为什么听众要听我说"

这是西方推销学中一个重要的公式，其涵义是指通过连续的几次精准出击，环环相扣，把顾客的注意力吸引或转变到产品上，促使购买行为，达成交易。

如何应用到工作型 PPT 中呢？——确定你要受众所需产生的行动，然后倒推分解，确立引导方式。AIDA 的 4 个环节是一环套一环的，一旦过程中缺失了某一环节，整个引导过程就会中断，达不到最终的演示目标。

那么每一环有哪些思路或角度呢？

A（注意）	• 是否有直观痛点？ • 是否有突出成果？ • 是否有猎奇悬念？
I（兴趣）	• 说出听众的困惑感？ • 使听众产生代入感？ • 激发听众的期待感？
D（欲望）	• 用反问加强？ • 用结果激发？ • 用画面刺激？
A（行动）	• 如何实现？ • 什么操作？ • 几个步骤？

产生注意　没有注意
引起兴趣　没有兴趣
唤起欲望　没有欲望
促使行动　没有行动

一切尽在掌握之中

我们用这个题目来示范一下：

向客户介绍在线课程"工作型 PPT 应该这样做"，如何梳理思路？

我们使用"AIDA"来梳理 PPT 思路。

A（注意）	记得上次会议上小A那个让老板赞不绝口的PPT吗？（成果引导）
I（兴趣）	仔细想想，要是没有这个PPT也不会那么容易说服老板吧？（说出困惑）
D（欲望）	你不想成为PPT达人，深受老板器重吗？（反问加强）
A（行动）	网易云课堂搜"工作型PPT"，有惊喜！（如何实现）

在 AIDA 的基础上，后来还延伸出了 AIDCA、AIDMA、AISAS 等框架。

• 注意（Attention）- 兴趣（Interest）- 渴望（Desire）- 说服（Conviction）- 行动（Action）
• 注意（Attention）- 兴趣（Interest）- 渴望（Desire）- 记忆（Memory）- 行动（Action）
• 注意（Attention）- 兴趣（Interest）- 搜索（Search）- 行动（Action）- 分享（Share）

大家如有兴趣，可以自行检索作为延伸学习。

6. PPT 常见的 6 种场景逻辑

前面讲解了经典的逻辑框架，在制作 PPT、表达和说服时都可以有很好的应用。

在工作中，有一些 PPT 类型应用得比较高频，为了能够更好地应对这些高频的 PPT 细分场景，这里总结了一些通用模板，供大家在工作中应急使用。

❶ 产品介绍

产品介绍，一般在新品推介、产品销售、商业计划等场景中都会涉及，一般可以参考下面的框架来梳理思路。

逻辑框架		举例
需求分析	符合政策导向	例如，国家颁布的新政对产品推广有利
	行业发展趋势	例如，产品所在行业的出货量在逐年递增
	满足市场需求	例如，市场上同类产品未解决××方面的问题
产品介绍	产品简介	功能/原理/使用场景
	使用方法	操作演示/使用说明
	产品特色	体验/技术/材质
	产品定价	收费模式/金额多少
合作模式	销售方式	一次性购买还是分期？有没有优惠方式？
	购买渠道	在哪些渠道销售？用哪种方式支付？
	售后服务	售后服务有哪些？周期多久？如何联系？
成功案例	客户&项目清单	有哪些大牌客户？合作过什么项目？
	市场业绩	销售量/市场份额/用户规模
	产品好评	客户的评价/名人的评价

❷ 公司介绍

企业介绍可以起到对外宣传、促成合作的作用。

逻辑框架		举例
企业概况	企业简介	企业名称/核心产品/品牌/定位/业务
	发展历程	经历了哪些大事（成立/上市/融资）
	企业规模	员工人数/分公司数量
	行业证明	行业组织认证/专利/荣誉
	组织架构	高管信息/管理层架构/股权结构
	核心竞争力	团队/专家/研发/技术/设备/需求潜力
产品服务	产品	产品是什么？
	服务	服务有哪些？
	产能	生产线数量/日均产量
		订单交付效率
市场业绩	市场分布	主要市场所在区域/市场占有率
	销售渠道	全球/全国子公司分布
	营销业绩	近几年销售量/利润增长图
	主要客户	服务客户/合作大客户名单
企业文化	企业理念	企业Slogan
	企业愿景	如"成为世界领先的在线教育内容提供商"
未来展望	企业战略	营销战略/发展战略/产品战略/品牌战略/融资战略/技术开发战略/人才开发战略等
	未来规划	管理水平/业务发展/队伍建设/社会效益/经济效益/行业政策导向

❸ 年终总结

年终总结是公司制度中，上级领导专门抽出时间倾听你发言的难得机会，这类
PPT 最重要的是呈现完成目标、解决问题的能力。

逻辑框架		举例
工作业绩	职责概述	所在岗位的业绩目标或岗位要求
	整体回顾	原定的业绩是否达标？完成哪些项目？ 工作进展程度如何？
亮点经验	重大突破	公司发展经历了哪些大事？
	创新经验	获得了哪些行业组织认证？
	成长收获	和往年比较，有哪些提升？
问题分析	面临挑战	遇到哪些问题和挑战？
	存在不足	针对已完成的工作，存在哪些不足？ 客观方面？如产能对销售存在较大影响 主观方面？如错误判断某地市场
	原因分析	根据存在问题进行一一分析 客观因素？如公司某生产线设备老旧 主观因素？如前期对市场趋势分析不足
	具体建议	针对每个问题，给出相应解决方案
未来计划	计划安排	下一步的安排和计划
	所需支持	人力？物力？财力？
	初步指标	要达到什么结果？（最终/分阶段）

年终总结都不会做，还敢谈升职加薪？
关注微信公众号【老秦】（ID：laoqinppt）
回复"年终总结"获取《年终总结手册》

《《《《《《《【《《《《《《《

❹ 校园宣讲

校园宣讲会主要以招聘大学毕业生为目的，传达公司基本概况，介绍企业文化，通过情绪的感召与互动引导学生全面地了解企业，提升形象、吸引人才。

逻辑框架		举例
企业介绍	企业简介	企业名称/发展历程/企业性质/主营业务
	组织架构	一张图说明企业的组织架构
	企业规模	总资产/员工人数/全国、全球化布局
	企业文化	企业理念/价值观/人才观/未来愿景
职业发展	培养体系	投入资源？（如人/财/物的投入） 培养方式？（如导师制/外派培训/交叉轮岗）
	发展通道	专业发展路线？（如初级→中级→高级） 管理发展路线？（如基层→中层→高层）
	典型案例	本校校友的成功案例
工作环境	人员	学历结构？应届毕业生占比？年龄结构？
	团建	平时都有哪些团建活动？（文/娱/体）
	办公	配套设施情况？是否提供休息区、就餐区？
	住宿	是否提供员工宿舍？内部环境怎样？
	餐饮	是否有员工食堂？就餐环境和价格怎样？
	交通	交通是否方便？班车接送吗？
薪酬福利	薪酬结构	实习期/正式入职的薪酬？有无绩效/奖金/补贴？
	福利体系	法定类（如五险一金） 生活类（如午餐补贴、年度体检） 学习类（如各类培训机会） 假期类（如年假、产假、节日福利）
招聘计划	招聘要求	招聘对象（是否只针对应届毕业生？） 招聘岗位（哪些岗位需要人才加入？） 招聘人数（每个岗位招聘多少人？） 岗位要求（学历/专业/技能/职责）
	招聘流程	投递简历（投递方式？截止日期？） 筛选流程（笔试/面试/发放录用通知时间安排？）

❺ 商业计划

当下，无数创业路演每天都在进行，创业项目就像手里的牌，PPT 则是打牌的方式，手里拿着好牌，要打好；手里拿的是差牌，更要打好。

逻辑框架		举例
方案介绍	方案/产品	名称/定位
	目标用户	地域/性别/收入/年龄 受教育程度/行业特征/产品使用场景
	功能/特色	比如，帮助用户在什么场景下解决了什么问题？
市场分析	行业分析	例如，提供3~5年的市场变化趋势（销售量/利润）说明行业具备发展潜力
	竞品分析	竞品在功能/体验/价格/策略等维度的优劣分析，证明还有细分市场未被覆盖
	用户分析	分析目标用户群体的特征、习惯、消费偏好，论证他们会为产品买单
市场规划	商业模式	产品销售和盈利模式
	市场预期	市场趋势，如用户增长规模
	收益预测	产品销量和收益预测
	目前业绩	已发布产品的市场业绩情况/主要客户
	融资需求	融资经历/所需融资金额/支出计划/出让股权份额
团队优势	团队构成	团队的人员构成/从业资历，获得成就
	专家顾问	技术顾问/背靠机构/战略指导
未来展望	未来愿景	Slogan/战略图
	联系方式	二维码/电话/地址
	致谢	感谢指导/表达信心

❻ 活动策划

活动策划是提高市场占有率的有效行为之一，对于用户的黏性、企业的知名度、品牌的美誉度等，都可以起到积极的提高作用。

逻辑框架		举例
活动简介	活动目的	增强用户黏性 获得用户关注 扩大品牌影响力 促进产品销售
	活动主题	宣传点/宣传文案/时间地点
	活动目标	目标人群：期待哪些用户或人群参与活动 目标结果：如实现100万销售量
	活动形式	线上（投票/抽奖/调研） 线下（见面会/签售会/体验会/演讲会）
执行方案	时间表	活动测试/活动预热/活动进行/活动监控/活动追踪
	人员分工	参与人员职责明细，行为规范
	注意事项	例如，务必记录客户联系方式
效果预估	数据预估	传播情况/参与情况/销售转化情况
	风险预估	风险评估/风险控制方案
资源支持	人力支持	是否需要哪些部门配合（设计/技术/客服） 是否需要外部合作伙伴（战略合作/志愿者）
	物力支持	场地/设备/公司宣传册
	财力支持	购置奖品费用/第三方服务费用

 具体到一页PPT上要进行主题分析，这该怎么办呢？

7.　PPT 中常用的 4 种分析模型

面对具体问题的分析，要得出结论或决策，可以用一些经典的分析模型。

一般而言，工作型 PPT 中最常见的分析类型有 4 种：战略分析、业务分析、竞争力分析、市场分析。

❶ 战略分析：SWOT 分析模型

基于内外部竞争环境和竞争条件下状态和形势的分析，通过对内部的优势和劣势、外部的机会和威胁进行矩阵形式排列，并通过 SO、WO、ST、WT 层层分析，进而得到全面、系统、准确的战略结论。

❷ 业务分析：波士顿矩阵分析模型

用波士顿矩阵对业务进行分解，两个因素相互作用，会出现 4 种不同性质的业务类型，进而分析不同的业务发展前景，掌握业务的现状及预测未来市场的变化，进而有效、合理地分配资源。

❸ 竞争力分析：波特 5 力分析模型

任何一个企业都同时受到 5 种竞争力的影响，通过分析这些作用力的强弱，将大量不同的因素汇集在一个模型中，以此分析一个行业的基本竞争态势。

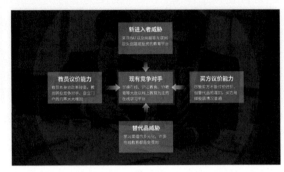

❹ 市场分析：SCP 分析模型

市场结构决定企业在市场中的行为，而企业行为又决定市场运行在各个方面的经济绩效，由此来判别某一特定产业的市场形态。

类似这种模型，除了以上几个高频而经典的框架，还有很多模型由于篇幅所限无法展开，可以用以下方式获取资料并进行延伸学习。

关注微信公众号【老秦】（ID：laoqinppt）
回复关键词"逻辑"获取《逻辑手册》
看更多图表经典逻辑、框架、模型！

WORK TYPE PPT

习惯之快

10

TEN

在本书一开始，我们就明确过工作型 PPT 最核心的 4 个字。

在前面的章节中，已经讲了非常多的高效技巧，不过所谓"唯快不破"，并不是只学那么两三招就能解决的，而是无数操作中的点点滴滴积累而成的结果。

也就是说想真正成为一个高效的职场人，并不是几个小技巧的问题，而是在制作 PPT 过程中，每一个操作都比别人更快捷。

- 领导让我给他发送 PPT，如何又快又安全？
- PPT 的界面上有那么多选项，如何快速找到所需的功能？
- 很多重要效果需要单击很多次，如何快速操作一步实现？

或许单独看的时候差距貌似并不大，但是在每天办公中成千上万次的各种操作汇集在一起，就是惊人的差距。

对于很多人来说，并不是"不高效"，而是因为"不知道"。

没错，就是一个"知道"与"不知道"的问题，与天赋无关。

养成这 3 种习惯，将开启你的高效办公生活！

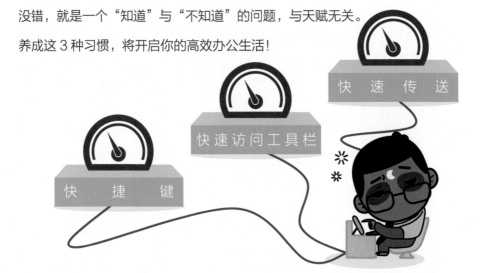

1. 如何向别人传送 PPT

工作中，经常会遇到一种情况，领导或同事让你把 PPT 文件通过微信、QQ 发送给他，用手机查看文件，经常会出现两个主要的问题。

- *PPT 文件在手机端观看时显示乱码，无法正常观看；*
- *PPT 文件中有不少图片，文件很大，在手机端又耗损流量又占内存。*

最简单的方式就是把 PPT 转为 PDF 格式，传送轻便又稳定！

❶ PPT 直接另存为 PDF

通过【文件】-【另存为】→选择【PDF】格式即可。

❷ 通过在线网站进行转换

使用 Smallpdf、 iLovePDF 等在线网站，单击相应选项，上传文件即可转换。

另外，上面这两个网站还可以实现 PDF 到 PPT 文件的转换，非常好用。

如果一定要传输PPT文件，文件却很大该怎么办？

2. PPT 太大了，如何让 PPT 快速瘦身

很多人在制作 PPT 的时候会遇到这样一种情况：明明自己的 PPT 只有十几页，但是文件大小却已经几十 MB 了。PPT 文件过大可能会对工作造成以下影响。

- 邮箱附件大小有上限，PPT 文件过大就没办法正常地进行工作交接；
- PPT 制作过程中软件卡顿，甚至导致软件崩溃……

最常见的原因就是很多人为了追求极致，使用了很多高分辨率的图片，一张图就有十多 MB。而对于 PPT 中的图片来说一般 150ppi 的图片就足以应对日常的演示使用了，追求更高 ppi 的图片其实是没有太多意义的。

所以为了减小 PPT 的容量，我们需要对 PPT 中高质量的图片做如下操作——

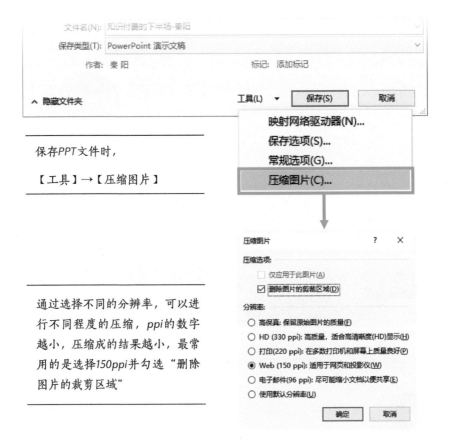

保存PPT文件时，

【工具】→【压缩图片】

通过选择不同的分辨率，可以进行不同程度的压缩，ppi的数字越小，压缩成的结果越小，最常用的是选择150ppi并勾选"删除图片的裁剪区域"

比如由原先默认的"高保真"改为"Web（150ppi）"，案例文件由 100 多 MB 迅速减肥到 20 多 MB，而且放映清晰度并未受丝毫影响。

除了图片，母版版式、动画、备注中的大量文字……都会引起 PPT 文件过大。

手动删除太烦琐，最简单的方法是使用 iSlide 插件中的【PPT 瘦身】，自动识别并可以通过个性化勾选后一键删除！

PPT高手还有什么高效做PPT的秘诀？

3. 高手都在用的快速访问工具栏

"快速访问工具栏"的作用就是把高频使用的功能按钮，独立放置于功能区上方或下方，使用时可一键直达，无须再去功能区中一层一层地找寻，从而达到节约时间，提升工作效率的目的。

如何设置"快速访问工具栏"呢？

打开【文件】-【选项】-【快速访问工具栏】，从【从下列位置选择命令】中选择所需的快捷按钮，然后单击【添加】按钮，最后单击【确定】按钮就可以了。

注意在下方还有一个【在功能区下方显示快速访问工具栏】的选项。

勾选之后，快速访问工具栏会在功能区的下方显示。

如果不勾选，快速访问工具栏则会在功能区的上方显示。

选上选下看个人使用习惯，一般设置在下方，因为制作时距离鼠标活动区更近。

特别提醒一下，不建议将过多的操作都添加到快速访问工具栏，因为添加过多反而过于累赘，只有做到"少而精"，集中放置高频的命令才有利于提高效率。

虽然每个人都有个性化的偏好设置，但 90% 的 PPT 达人在添加快速访问工具栏时，都会添加如下 5 个命令。

插入形状　　插入文本　　对齐对象

参考线　　合并形状

在快速访问工具栏中的命令上右键选择"从快速访问工具栏删除"即可删除命令。

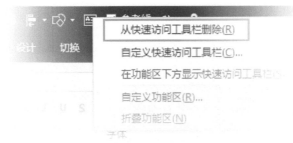

设置快速访问工具栏，你都学会了吗？
如果还有疑问或不懂的地方，
可以扫码观看作者录制的配套教学视频。

 PPT高手还有哪些高效的操作习惯？

4. 高手都在用的快捷键

有些功能，通过单击鼠标需要三四个步骤，但快捷键可以一步到位。而且操作过程中，是左手单击快捷键，右手单击鼠标，双手并用同时工作，当然就更高效。

PPT 的快捷键虽然很多，但真正高频应用的其实并不多。

PPT编辑状态下			
Ctrl+C	复制对象	Ctrl+方向键	微调对象位置
Ctrl+V	粘贴对象	Ctrl+拖动对象	复制对象
Ctrl+X	剪切对象	Ctrl+拉伸对象	按中心缩放
Ctrl+S	保存	Ctrl+鼠标滚轮	缩放编辑区
Ctrl+F	查找	Shift+F5	从当前幻灯片放映
Ctrl+D	创建选中对象副本	Alt+F5	显示演示者视图
Ctrl+G	组合对象	Alt+F9	显示（隐藏）参考线
Ctrl+Shift+G	取消组合	Alt+F10	显示选择窗格
Ctrl+Shift+C	复制对象格式	F4	重复最后一次操作
Ctrl+Shift+V	粘贴对象格式	F5	从头开始放映
PPT放映状态下			
Ctrl+H	隐藏鼠标指针	W	白屏
Ctrl+P	使用画笔	B	黑屏
数字+Enter	指定放映第几张幻灯片	ESC	退出放映

 关于快捷键，不仅仅可以起到高效的作用，请扫码观看作者录制的配套教学视频，学习更多快捷键颠覆认知的玩法！

《《《《《《《《《《《《《《《《《《

扫它！

 还有一个问题：经常要给领导做PPT，怎么办？

5. 高手都是怎么给领导做 PPT 的

工作型 PPT，经常遇到一种特殊的情况——给领导做 PPT。

给领导做 PPT，经常比给自己做 PPT 还难：

- 你不清楚他到底讲多少时间
- 你不知道他到底掌握了多少材料
- 你不知道他的 PPT 侧重点
- 每次问，他的想法总在变
- 你不清楚他的口味是否和听众相符
- ……

所以，在职场中，如何帮领导做 PPT，可是一项必备技能！

首先，这里说的领导是有特指的，类似事业单位、院校这种比较在意行政级别的单位，请勿随便对号入座。

PPT 高手给领导做 PPT，都有哪些法则？

❶ 心态篇

1. 不要用网上下载的模板糊弄领导，因为很显然，所有的人都看得出来是用模板套的东西，基本上等于没用心。

2. 给领导做 PPT，如果时间充足，就得做好长期被折腾的心理准备，不要闹情绪，对自己没好处，对领导也没好处。不如仔细借这个机会揣摩领导遣词用句的规律，慢慢积累写这种类型 PPT 的经验，也是一种实用技能。

3. 很多人觉得公文八股很无聊，但这些无聊里却偏偏大有学问，哪些提法是对的，哪些是错的，哪些人和事必须放在前面，哪个奖必须展示出来，大有讲究。基本上几个 PPT 做完，你就完成了一轮免费的最新时事学习。

4. 不要觉得给领导做个 PPT 就能走上人生巅峰，没有人认为一个人会做 PPT 就有多大的本事，虽然事到临头又总是找你。所以做 PPT 一开始就得评估做到怎样的质量可以过关，又不会太辛苦自己。一些好的创意不要用在这些正式场合，在大部分场合 PPT 的设计原则是"不求出彩，但求无过"。

❷ 规则篇

1. 永远记住领导是最大的听众，如果有更大的听众，那是领导的领导。

2. 来之不易的成绩背后要感谢领导的正确决定，要感谢上级主管领导的关怀与支持，要感谢兄弟部门的友情配合，关键是千万别弄错在感谢领导时的排序。

3. 别抱怨领导没美感，他们有他们的话语体系和表达形式的惯例而已，有的领导品位其实不低，只是他们都知道到什么山要唱什么歌而已。记住，聪明人永远不在领导面前证明自己的品味比领导高。

4. 很多项目不是一次汇报就可以结束的，你还得考虑为下一次汇报留点力，别弹药全出，没有后力。

5. 大部分集体的工作特色是大家都参与，人人都有份，你可以出色一点，但不要太出色，给其他部门领导适当留点余地。

6. 哪些是主持，哪些是支持，哪些是承办，哪些是参与，哪些是应邀，哪些是被上级点名，名份细节要注意。

❸ 制作篇

1. 领导说"你先做一版吧，我不想限制你的思路"，潜台词是领导心里也没底，需要你先完成一个版本，他好提意见。所以第一稿不需要用力过猛，重在启发领导的思路，等他有明确想法了，接下来做 PPT 就简单了。

2. 要充分考虑领导的习惯，比如他不习惯动画，讲话速度和动画节奏难以合拍，反而显得他不熟悉材料。

3. 给领导做 PPT，最好能够摸清领导的喜好，他喜欢的哪怕你认为不好看，都会比较容易通过。

4. 出现多位领导的照片时，注意按职务高低排列，尤其注意 C 位。

5. PPT 的内容要注意领导的个性和身份，职务越高，越要稳一点，排版要厚重一点；年龄轻的，职务低的，可以活泼一点。

6. 业绩好，排版大胆一点；业绩不突出，排版收敛一点。

7. 记住领导的表达习惯、偏好和常见的潜台词，甚至作息时间（因为说不准他什么时候会找你修改），总之跟着他的偏好来，就会容易快速通过。

4 改稿篇

1. 给领导做 PPT，要在最快的时间内完成一版，哪怕是只把字粘贴好了，剩下的细节再慢慢完善，因为你不知道他什么时候会让你给他看，你得有东西能拿出来。这叫"先做完，再做好；先完成，再完美"。

2. 做 PPT 要充分考虑领导对 PPT 材料的熟悉程度来迭代优化，假如一开始你就下力气抓美化，却没有花费力气关注内容是否文稿定案，那么很可能你做的美化页面会被整体否定，很容易做无用功。

3. 切记不要太完美，留点明显的破绽能让领导一眼指出来，这样反而做 PPT 的过程会很轻松，切记，领导也需要"参与感"。

4. 给领导做 PPT，要会琢磨领导的潜台词，领导说"颜色再亮点"，不一定真的是要调节亮度，很可能是颜色和背景的反差太小，或者字号太小，文字看不清，不用真的去调亮度，把对比调大一点，或者加大一点字号，他就满意了。

5. 领导每次提出类似的问题，比如每页的小标题、配色等，都要谨记，可以列个注意事项的标准清单，提醒自己后续不要犯同样的错误。领导提出过的，下次做的时候都按照这些标准去做，需要改动的地方就不会太多。

5 技巧篇

1. 给领导做 PPT 的时候，要巧妙地把领导平时的讲话变成 PPT 里的观点。

2. 评价一个 PPT 质量的方法，有些时候也包括 PPT 的页数。

3. 给领导做 PPT，一定要把之前的版本都保存好，每一页的删减都要保留，再强调一下：一定要保留……

4. 切记最后时间交稿。

5. 最后一个超重要的忠告：要做的比领导好，又不要让他对你产生过高的期望，要学会隐瞒自己真实的实力。

好啦，学到这里，你不仅可以又快又好地给自己做 PPT，还能有的放矢地给领导做 PPT，关于工作型 PPT 的学习，就告一段落啦！你都学会了吗？

 工作型PPT的学习就结束啦~有没有收获满满？

WORK TYPE PPT

我的主业是搞 PPT——做 PPT、讲 PPT、教 PPT，就这样搞了 7 年。

7 年中，我被问到最多的一个问题就是："如何成为一个 PPT 高手？"

面对这个问题首先要确定：什么是 PPT 高手？从入门到精通要经过哪些阶段？

在我看来，一个人在 PPT 领域要经过"器、术、法、艺、道"这样 5 层修炼。

本书的定位，就是帮助大家抵达第 3 层，也就是"实战高手"这一层。

			05 / 领域专家
创意	卖点	文案	**道** × 思维 THINKING
洞察	沟通	演讲	

			04 / 设计大师
商务风	学术风	科技风	**艺** × 设计 DESIGN
政务风	中国风	可爱风	

			03 / 实战高手
工作汇报	项目提案	年终总结	**法** × 实战 COMBAT
培训课件	产品介绍	公司介绍	

			02 / 技术熟手
页面美化	图文排版	颜色搭配	**术** × 技术 SKILL
数据图表	素材处理	制作模板	

			01 / 入门新手
熟悉界面	了解功能	熟练操作	**器** × 工具 TOOL
会用插件	搜索素材	下载模板	

在这一层，解决工作中的 PPT 问题完全够用，但如果还要继续更上一层楼，那就不是技术的问题了，而是涉及审美、思维、创意等层面了。

所以不要以为你与 PPT 高手之间的差距仅仅在于平面设计，也不要以为能做出好的 PPT 仅仅是学设计、堆素材能解决的问题，而是要去观察背后的支撑。

就像海面上的冰山一样，露出来的仅仅只是一部分。

如果你对此有兴趣，欢迎观看我的一场 160 分钟的公开课《一个 PPT 主义者的成长故事》，为你揭秘 PPT 下隐藏的 9 大能力，如何将 PPT 用到极致。

不看后悔系列

关注微信公众号【老秦】（ID：laoqinppt）
回复关键词"公开课"
观看《一个 PPT 主义者的成长故事》

源于PPT 不止PPT
FROM PPT, MORE THAN PPT